Tchamye Tcha-Esso Boroze

Conception de séchoirs pour produits agricoles tropicaux

Tchamye Tcha-Esso Boroze

Conception de séchoirs pour produits agricoles tropicaux

Outil d'aide à la décision

Presses Académiques Francophones

Impressum / Mentions légales
Bibliografische Information der Deutschen Nationalbibliothek: Die Deutsche Nationalbibliothek verzeichnet diese Publikation in der Deutschen Nationalbibliografie; detaillierte bibliografische Daten sind im Internet über http://dnb.d-nb.de abrufbar.
Alle in diesem Buch genannten Marken und Produktnamen unterliegen warenzeichen-, marken- oder patentrechtlichem Schutz bzw. sind Warenzeichen oder eingetragene Warenzeichen der jeweiligen Inhaber. Die Wiedergabe von Marken, Produktnamen, Gebrauchsnamen, Handelsnamen, Warenbezeichnungen u.s.w. in diesem Werk berechtigt auch ohne besondere Kennzeichnung nicht zu der Annahme, dass solche Namen im Sinne der Warenzeichen- und Markenschutzgesetzgebung als frei zu betrachten wären und daher von jedermann benutzt werden dürften.

Information bibliographique publiée par la Deutsche Nationalbibliothek: La Deutsche Nationalbibliothek inscrit cette publication à la Deutsche Nationalbibliografie; des données bibliographiques détaillées sont disponibles sur internet à l'adresse http://dnb.d-nb.de.
Toutes marques et noms de produits mentionnés dans ce livre demeurent sous la protection des marques, des marques déposées et des brevets, et sont des marques ou des marques déposées de leurs détenteurs respectifs. L'utilisation des marques, noms de produits, noms communs, noms commerciaux, descriptions de produits, etc, même sans qu'ils soient mentionnés de façon particulière dans ce livre ne signifie en aucune façon que ces noms peuvent être utilisés sans restriction à l'égard de la législation pour la protection des marques et des marques déposées et pourraient donc être utilisés par quiconque.

Coverbild / Photo de couverture: www.ingimage.com

Verlag / Editeur:
Presses Académiques Francophones
ist ein Imprint der / est une marque déposée de
OmniScriptum GmbH & Co. KG
Heinrich-Böcking-Str. 6-8, 66121 Saarbrücken, Deutschland / Allemagne
Email: info@presses-academiques.com

Herstellung: siehe letzte Seite /
Impression: voir la dernière page
ISBN: 978-3-8381-7724-3

Dédicaces

Je dédie en premier lieu cet ouvrage à Dieu notre Père, à Jésus-Christ mon Seigneur et au Saint-Esprit mon consolateur.

Ensuite à ...

☞   la mémoire de mon père et à ma mère qui a continué à me soutenir malgré les épreuves. Ce travail s'inscrit dans la recherche de l'excellence que vous m'avez enseignée.

☞   ma femme qui m'a accompagné de loin lors de mes séjours en France et qui a été à mes côtés du début jusqu'à l'aboutissement de ce travail. Ton amour inconditionnel à renforcé ma volonté.

☞   tous mes frères et sœurs et plus particulièrement à Eunice et à Christ pour vos encouragements.

Et enfin à tous les Bien-aimés qui de prêt ou de loin m'ont soutenus pendant toute la durée de mes travaux.

REMERCIEMENTS

Mes remerciements vont en premiers aux structures ayant contribuée aux conditions matérielles nécessaires à ce travail et qui ont accepté des adaptations exceptionnelles suite au décès du Dr. Claude MAROUZE, chercheur du CIRAD ayant contribué au montage du projet de thèse qui a débouché sur la rédaction de cet ouvrage : Il s'agit de l'Université de Lomé (UL), du Service de Coopération et d'Action Culturelle (SCAC) de l'Ambassade de France au Togo et du Centre International de Recherche Agronomique pour le Développement (CIRAD) de Montpellier.

Deuxièmement, ma reconnaissance va à l'équipe d'encadrement : professeur Kossi NAPO, Coordonateur National de la Chaire de l'Unesco sur les Energies Renouvelables de l'Université de Lomé (CUER – UL) ; à titre posthume, Dr. Claude MAROUZE, chercheur en Génie Industriel ; Dr. Jean Michel MEOT, chercheur au CIRAD ; Dr. Hélène DESMORIEUX, Maître de Conférences à l'Université Claude Bernard, Lyon 1 et au Dr. Yaovi Ouézou. AZOUMA, Maître de Conférences à l'Ecole Supérieur d'Agronomie de l'Université de Lomé (ESA – UL).

Troisièmement j'adresse ma reconnaissance au jury de thèse qui a permis l'amélioration de la qualité de cet ouvrage. Je remercie le Professeur Cossi AWANOU de l'Université d'Abomey-Calavi au Bénin pour avoir accepté présidé le jury de cette thèse. Ses sages conseils et ses contributions pour la mise en forme finale de ce mémoire m'ont édifiée. Un merci particulier aux rapporteurs de cette thèse : Professeur Joseph D. BATHIEBO de l'Université de Ouagadougou au Burkina-Faso, Professeur Didier LECOMTE, de 2iE Ouagadougou au Burkina-Faso et M. Gnandé DJETELI, Maître de Conférences à l'Université de Lomé.

Pour finir, j'exprime ma gratitude aux collègues qui ont contribué à nos travaux et à ceux des équipes de recherche qui nous ont accueillis : L'équipe de la Chaire de l'UNESCO sur les Energies Renouvelables (CUER) du Laboratoire sur l'Energie Solaire (LES – UL) de l'Université de Lomé, l'équipe 3 de l'UMR Qualisud du CIRAD, à celle du LAGEP.

2

Résumé : L'amélioration de l'activité de séchage dans les pays du Sud passe par la prise en compte des besoins réels des utilisateurs, des caractéristiques des produits à sécher et de l'environnement dans la conception des séchoirs.

Pour ce faire, Des enquêtes de terrain ont été menées dans trois pays de l'Afrique de l'Ouest (Togo, Benin et Burkina-Faso) et ont conduit à la caractérisation de l'activité du séchage et à la détermination de critères structurants déterminant le choix des utilisateurs pour un séchoir. L'utilisation des outils du génie industriel tels que l'analyse fonctionnelle et la méthode TRIZ ont permis (i) d'élaboré un cahier des charges fonctionnel type pour améliorer la démarche de conception utilisée par les concepteurs locaux et (ii) déterminé des solutions techniques pour la conception de séchoirs dans les pays en développement. L'influence des conditions de séchage sur le choix des solutions techniques a été pris en compte à partir de tests expérimentaux effectués sur l'ananas à différentes températures (40°C, 50°C et 60°C) ; différentes vitesses de l'air de séchage (0,27 m/s ; 0,5 m/s ; 1 m/s ; 1,8 m/s) et sur deux configurations de mise en contact air-produit (flux d'air léchant et flux d'air traversant).

L'outil d'aide à la conception conçu et implémenté en Visual Basic sur le logiciel Microsoft Excel comprend : une base de données sur les produits séchés, les matériaux utilisés et les solutions techniques mis en oeuvre dans la réalisation de séchoirs. Les résultats de l'outil classent les solutions techniques par ordre suivant des indicateurs de choix de séchoirs. L'outil réalisé a été testé avec succès par sa simulation avec le cahier des charges fonctionnel d'une entreprise spécialisée dans la transformation d'ananas biologique au Togo pour l'exportation. La simulation a conduit à la proposition du séchoir Atesta qui est le séchoir utilisé avec satisfaction par la dite entreprise.

Mots clés : Conception, séchoir, produits agricoles tropicaux, principe de solution, solutions techniques.

Abstract : The improvement of the activity of drying in the developing countries involves the consideration of the real needs of the users, of the characteristics of the products to be dried and of the environment for the design of the dryers.

A survey was carried out in three West African countries (Togo, Benin and Burkina Faso) and led to the characterization of the drying activity and to the determination of most important criteria determining the choice of the users for a dryer. The use of industrial engineering tools such as the functional analysis and the TRIZ method allowed (i) the elaboration of functional typical specifications to improve the approach of conception used by the local designers and (ii) the determination of the technical solutions for dryers designing in developing countries. The influence of the drying conditions on the choice of the technical solutions was taken into account by experimental tests made on pineapples with various air temperatures (40°C, 50°C and 60°C); various drying air speeds (0.27 m/s; 0.5 m/s; 1 m/s; 1.8 m/s) and on two air-product contact configurations (licking airflow and crossing airflow).

The design assistant tool conceived and implemented in Visual Basic on Microsoft Excel software includes: a database on the dried products, the used materials and the technical solutions used in the realization of the dryers. The results of the tool classify the technical solutions by order according to choice indicators. The tool was successfully validated by its simulation with the functional specifications of a company specialized in the transformation of biological pineapple in Togo for the export. The simulation led to the proposition of Atesta dryer which is the dryer used with satisfaction by that company.

Keywords: design, dryer, tropical farm products, principle of solution, technical solutions.

3

NOMENCLATURE

Symbole	Définition *(unité)*
A_w	Activité en eau du produit
C_{ab}	Coût de la tôle devant servir d'absorbeur *(f CFA)*
CA_j	Chiffre d'affaire *(f CFA/j)*
C_c	Coût des cornières *(f CFA)*
C_{cl}	Coût des claies *(f CFA)*
C_{ct}	Coût de la couverture *(f CFA)*
C_{elec}	Electricity kWh cost *(f CFA/kWh)*
C_{enrg}	Dryer energy consumption per day *(f CFA/j)*
C_g	Coût du grillage *(f CFA)*
C_{inv}	Coût d'investissement *(f CFA)*
C_{inv}	Coût d'investissement initial *(f CFA)*
C_{maint}	Coût de maintenance du séchoir par an *(f CFA/an)*
C_{pa}	Capacité calorifique de l'air *(J/kg.°C)*
C_{pt}	Coût de la peinture du bois *(f CFA)*
C_{pv}	Capacité calorifique de la vapeur d'eau *(J/kg.°C)*
C_{sech}	Coût de séchage par jour *(f CFA)*
$\dot{C}$	Coût de séchoir par débit d'eau évaporée *(f CFA.j/kg)*
d_{cl}	Distance entre deux claies superposées *(m)*
d_{lc}	Distance entre les claies *(m)*
E	Énergie totale reçue par jour par le séchoir *(kJ/j)*
e_c	Epaisseur du capteur *(m)*
e_p	Epaisseur des produits disposés sur les claies *(m)*
e_r	Epaisseur des rebords de claies *(m)*
E_v	Énergie nécessaire pour évaporer l'eau du produit par jour *(kJ/j)*
H	Enthalpie de vaporisation *(J)*
H_a	Humidité absolue de l'air *(geau/kgair)*
h_b	Hauteur de la base du capteur par rapport au sol
h_e	Hauteur de l'enceinte de séchage
H_r	Humidité relative de l'air *(%)*
I	Gisement solaire *(kJ/m²)*
L_c	Longueur totale de cornière *(m)*
L_{cp}	Longueur du capteur solaire *(m)*
l_{cp}	Largeur du capteur solaire *(m)*
$L_{c,u}$	Longueur d'une unité de cornière *(m)*
L_{ch}	Longueur totale de chevron utilisée
$L_{ch,u}$	Longueur d'un chevron
L_{cl}	Longueur de claies *(m)*
l_{cl}	Largeur des claies *(m)*
l_r	Largeur des rebords de claies *(m)*
$L_{r,cl}$	Longueur totale des rebords pour toutes les claies du séchoir *(m)*
$L_{r,p}$	Longueur de rebord obtenue par planche de bois
$L_{rcl,p}$	Longueur de rebord par planche de bois dans le commerce *(m)*
L_{tr}	Longueur totale de renforts utilisés sur le séchoir *(m)*
$L_{tr,c}$	Longueur totale de renforts au niveau du capteur *(m)*
$L_{tr,e}$	Longueur totale de renforts au niveau de l'enceinte de séchage *(m)*

L_v	Chaleur latent de vaporisation *(kJ/kg)*
m_e	Masse d'eau *(kg)*
M_{ev}	Débit d'eau évaporée du produit *(kg/j)*
m_f	Masse finale de produit sec par jour *(kg/j)*
$m_{g,cy}$	Masse de gaz utilisée par cycle *(kg/cy)*
m_i	Masse initiale de produit humide par jour *(kg/j)*
m_{RM}	Masse de matière première utilisée par jour *(kg/j)*
m_s	Masse de matière sèche *(kg)*
m_{sp}	Masse spécifique des produits *(kg)*
$\dot{m}$	Débit de produit *(kg/h)*
N_c	Nombre de cornière total
N_{ch}	Nombre de chevrons
N_{cl}	Nombre total des claies
$N_{j/an}$	Nombre de jour d'utilisation par an *(j)*
N_m	Nombre de module
$N_{p,cl}$	Nombre de planches pouvant servir à réaliser ces rebords
P_c	Prix de la cornière par mètre par m^2 *(f CFA)*
PCI_g	Pouvoir Calorifique Inférieur *(kJ/kg)*
P_{ct}	Prix du m^2 de couverture transparente *(m^2)*
P_{fan}	Puissance du ventilateur *(kW)*
P_g	Prix du m^2 de grillage *(f CFA)*
P_{MP}	Prix de matière première par jour *(f CFA/j)*
P_p	Prix d'une planche de bois *(f CFA)*
P_{PS}	Prix de produit sec par jour *(f CFA/kg)*
P_{pt}	Prix de la peinture au m^2 *(f CFA)*
$P_{pt,n}$	Prix de la peinture ramené au m^2 *(f CFA)*
P_t	Prix de l'unité de tôle *(f CFA)*
P_v	Pression de vapeur d'eau dans le produit
PV_d	Plus-value *(f CFA/j)*
P_{vs}	Pression de vapeur d'eau saturant
$\dot{P}$	Plus-value par kg d'eau évaporée *(f CFA/kg)*
S_{cl}	Surface d'une claie *(m^2)*
S_{cp}	Surface totale en contreplaqué utilisé pour le séchoir solaire mixte *(m^2)*
S_{ct}	Surface de couverture transparente *(m^2)*
$S_{dir,p}$	Surface de claie projetée perpendiculairement aux rayons solaires *(m^2)*
S_{dir}	Surface du capteur direct *(m^2)*
S_{fd}	Surfaces avant et arrière au niveau de l'enceinte de séchage *(m^2)*
S_g	Surface totale de grillage pour les claies *(m^2)*
S_{hb}	Surface de contreplaqué en-dessous du séchoir *(m^2)*
$S_{hb,c}$	Surface en-dessous du capteur *(m^2)*
$S_{hb,e}$	Surface en-dessous de l'enceinte de séchage *(m^2)*
$S_{ind,p}$	Surface de capteur projetée perpendiculairement aux rayons solaires *(m^2)*
S_{ind}	Surface du capteur indirect *(m^2)*
S_l	Surface latéral *(m^2)*
S_{lc}	Surface latérale du capteur *(m^2)*
S_{le}	Surface latérale de l'enceinte de séchage *(m^2)*
S_{pt}	Surface extérieure totale à peindre

$S_{pt,c}$	Surface à peindre au niveau du capteur
$S_{pt,ch}$	Surface des pieds du séchoir
$S_{pt,e}$	Surface de l'enceinte de séchage
S_s	Surface au sol *(m²)*
S_{Tcl}	Surface totale de claies *(m²)*
t	Temps (h)
X	Teneur en eau du produit en base sèche *(kgeau/kgms)*
X_{bh}	Teneur en eau du produit en base humide *(kgeau/kgmh)*
X_{cr}	Teneur en eau critique du produit *(kgeau/kgms)*
X_f	Teneur en eau finale par jour (base sèche) (%)
X_i	Teneur en eau initiale par jour (base sèche) (%)

Lettres grecs

α	Angle d'inclinaison du capteur indirect *(°)*
ΔH	Variation de l'enthalpie
Δt_{cy}	Durée d'un cycle de séchage *(j/h)*
Δt_{fan}	Temps d'utilisation du ventilateur par jour *(h)*
Δt_g	Temps d'utilisation du gaz butane par jour *(h)*
Δt_{vie}	Durée de vie *(année)*
ε	Rendement de séchage (%)
θ	Température *(°C)*

Indices

an	année
c	cornière
Cab	absorbeur
ch	chevron
cl	claie
ct	Couverture transparente
cy	cycle
D	séchoir
dir	Direct
e	Enceinte de séchage
elec	électricité
enrg	énergie
ev	évaporatoire
f	final
fan	ventilateur
g	gaz
gr	grillage
h	heure
i	initial
ind	Indirect
j	jour
m	mois
m	module
maint	maintenance
MP	matière première

PS	produit sec
r	rebord
s	sol
sech	séchage
T	total
th	théorique
u	unité

Acronymes

ABAC	Association Burkinabé d'Action Communautaire
AMDEC	Analyse des Modes de Défaillance, de leurs Effets et de leur Criticité
APTE	APlication Technique pour l'Entreprise
APSETA	Aide à la production de Solutions d'Équipement de transformation Agroalimentaire
CEAS	Centre Écologique Albert Schweitzer
CESAM	Conception d'Équipement dans les pays du Sud pour l'Agriculture et l'agroalimentaire Méthode
COSU	Conception orientée Scénario Utilisateurs
CUER	Chaire UNESCO sur les Énergies Renouvelables
FAO	Organisation des Nation Unies pour l'Alimentation et l'Agriculture
FAST	Functional Analysis System Technique
GERES	Groupe Énergies Renouvelables, Environnement et Solidarité
LAGEP	Laboratoire Automatisme et de Génie des procédés
MASADRY	Matrix for Selection an Appropriate Drying Principle
MTBF	Mean Time Between Failure
MTTF	Mean Time To first Failure
ONG	Organisation Non-Gouvernementale
OT	Organigramme Technique
OTé	Organigramme Technique étendu
PME	Petite et Moyenne Entreprise
QFD	Quality Functional Deployment
UMR	Unité Mixte de Recherche

TABLE DES MATIERES

INTRODUCTION

Le développement des transformations post-récoltes des produits agricoles dans les pays en développement tient une place importante dans la réduction des pertes constatées entre la récolte et la mise à disposition des produits aux consommateurs. En effet, ces pertes sont estimées en moyenne à 25% pour les céréales et à plus de 50% pour les fruits, les légumes et les tubercules (FAO, 1989). Parmi les nombreuses causes, figure le "mauvais" séchage des produits. En effet, le séchage permet la réduction de l'activité en eau (A_w) du produit afin d'inhiber l'action des enzymes, des micro-organismes, des bactéries et permettre une bonne conservation du produit. Mais lorsque les produits agricoles ne sont pas séchés, il s'ensuit un pourrissement entraînant la perte de la production. Ceci est fréquent dans le cas de certains produits saisonniers comme les fruits et légumes. Pour les produits qui sont séchés, il est important que :

- l'A_w des produits soit rapidement abaissé en dessous de 0,8 ; pour éviter que l'action des enzymes et des micro-organismes ne détériore la qualité du produit.
- la teneur en eau du produit soit abaissée jusqu'à la teneur en eau d'équilibre, pour permettre sa conservation et éviter les dégradations dues au développement des champignons lors de la conservation.

La région Ouest-africaine où s'applique notre étude regroupe la majorité des terres arables du continent. Elle produit la quasi-totalité des produits agricoles tropicaux. Tous les types de produits y sont séchés : des céréales aux fruits en passant par les tubercules et les légumes. Les objectifs de l'activité du séchage sont variés allant de la simple conservation, à la transformation en produits à plus forte valeur ajoutée. La diversité des zones climatiques dans cette région fait ressortir l'importance de la spécificité dans la prise en compte de l'environnement de séchage.

Parmi les procédés de stabilisation ou de transformation des produits agricoles, le séchage est très pratiqué pour différentes raisons parmi lesquelles, sa simplicité et son coût relativement bas. Cependant, le séchage est une science que ne maîtrisent pas souvent ses acteurs. Les pertes importantes enregistrées sont, dans la majorité des cas, liées à une pratique encore traditionnelle du séchage et l'utilisation de séchoirs, qui souvent, ne répondent pas aux besoins des utilisateurs (séchoir non adapté au produit séché, au profil des utilisateurs, à l'environnement local, etc.).

Dans les pays développés, de nombreux travaux ont conduit à une maîtrise du procédé de séchage, et de la conception de séchoirs permettant ainsi de réduire les durées de séchage, d'améliorer la qualité des produits séchés, et d'éliminer les pertes liées au mauvais séchage des produits.

Dans les pays en développement, des travaux ont été également réalisés tant au niveau des équipements (Talla *et al.*, 2001; Srivastava & John, 2002; Togrul & Pehlivan, 2004; Doymaz, 2007; Nguyen & Price, 2007; Kaya *et al.*, 2009), qu'au niveau du procédé (2007). Mais, force est de constater que la pratique du séchage est restée fortement traditionnelle. Le transfert technologique des pays du Nord vers ceux du Sud sans la prise en compte de la différence des contextes est selon Desmorieux et Idriss (Perret, 2008), une des raisons ayant conduit au délaissement de ces séchoirs au profit des techniques traditionnelles. En outre, l'activité de conception de séchoirs menée localement n'intègre pas les connaissances scientifiques acquises sur le procédé de séchage et sur les produits à sécher. Les contraintes liées aux utilisateurs et celles que pose l'environnement local ne sont que partiellement considérées. Le résultat est que très peu de séchoirs testés ou même introduits en milieu réel, ont connu un succès dans le temps.

Notre travail vise l'amélioration de la conception des séchoirs dans les pays en développement par la mise au point d'un outil d'aide à la décision pour la conception de séchoir. Nous prenons en compte les paramètres influençant l'activité du séchage à savoir : les besoins réels des utilisateurs, les caractéristiques environnementales, les caractéristiques du produit. Les connaissances nécessaires acquises sur le procédé de séchage, le dimensionnement de séchoirs et sur les séchoirs existants ont été intégrées à la démarche adoptée.

14

Le plan d'organisation du présent mémoire s'articulant autour de quatre chapitres est décrit comme suit.

- Dans le premier chapitre est présenté le cadre de l'étude, qui bien que pouvant se généraliser aux pays en développement, est restreint à l'Afrique de l'Ouest. Ensuite, le procédé de séchage est décrit avec ses deux protagonistes que sont l'air humide et le produit humide. Ce chapitre se termine par un état de l'art sur la conception d'équipement et sur les outils d'aide au choix ou à la conception de séchoir.

- Le deuxième chapitre présente l'analyse sur les critères de caractérisation de l'activité de séchage basée sur la littérature et appliquée au contexte de l'étude pour en ressortir celles qui permettent une bonne caractérisation du séchage en Afrique. Les résultats des enquêtes de terrain dans trois pays de l'Afrique de l'Ouest sont ensuite présentés avec une description des séchoirs inventoriés et une analyse thermo-économique de six types de séchoirs jugés représentatifs.

- Dans le troisième chapitre, est décrite l'utilisation d'outils du génie industriel tels que l'analyse fonctionnelle et la méthode TRIZ pour conduire la conception de séchoirs, de la recherche du besoin à la détermination de solutions techniques. L'étude fournit un cahier des charges fonctionnel global pour la conception de séchoirs dans les pays en développement. Différents principes de solutions et des solutions techniques pouvant être mis en œuvre pour répondre au cahier des charges sont proposés et l'influence des conditions de séchages est également présentée.

- Le quatrième chapitre présente l'outil d'aide à la conception réalisé. L'organisation de l'outil, ses différentes parties ainsi que son fonctionnement y sont décrits. La validation de l'outil par une application à un cas du besoin d'une unité de séchage d'ananas au Sud du Togo est réalisée, et les résultats de l'outil sont discutés.

- La conclusion générale résume les résultats majeurs de ce travail et fait ressortir des perspectives pour l'amélioration de ce travail.

Chapitre 1 : Contexte du séchage en Afrique de l'Ouest

1.1 Introduction

La conduite du séchage est fortement influencée par le type d'équipement utilisé mais aussi par le contexte dans lequel se déroule l'activité de séchage. Nous présentons dans un premier temps dans ce chapitre, le contexte régional de cette étude qui est celui de l'Afrique de l'Ouest, suivi d'une description des éléments du séchage convectif : l'air et le produit ; et nous terminons par l'état de l'art sur la conception d'équipements et l'aide à la décision sur le choix de séchoir.

1.2. Présentation du contexte du séchage en Afrique de l'Ouest

1.2.1 Situation géographique et climatique de l'Afrique de l'Ouest

D'une superficie de 6 140 000 km², la région ouest africaine est limitée par le Maghreb au nord, l'Océan Atlantique à l'ouest et au sud et par le Tchad et le Cameroun à l'est (Perret, 2008).

La région se répartit en quatre zones climatiques :

- au sud, un climat tropical humide de type guinéen marqué par deux saisons sèches et deux saisons pluvieuses,
- du sud vers le nord, un climat soudanais avec une saison sèche et une saison pluvieuse succède au climat tropical humide,
- le climat soudanais laisse place à un climat soudano-sahélien en allant du sud vers le nord et est marqués aussi par une saison sèche et une saison pluvieuse,
- beaucoup plus au nord, règne un climat sahélien au niveau du Sahara, avec une longue saison sèche, d'octobre à juin.

Le régime pluviométrique de l'Afrique de l'Ouest est lié au mouvement saisonnier de la zone de convergence intertropicale, espace de rencontre des alizés : l'harmattan, vent chaud et sec, soufflant du nord-est, avec les masses d'air humide, la mousson, venant de l'océan atlantique sud. La figure 1.1 donne une représentation des différentes zones climatiques avec les données pluviométriques. Le régime climatique est sensible aux changements climatiques, surtout au niveau du sahel où d'une année à l'autre, la variation de la durée de la saison des pluies peut être supérieure à 30 % (FAO, 1989).

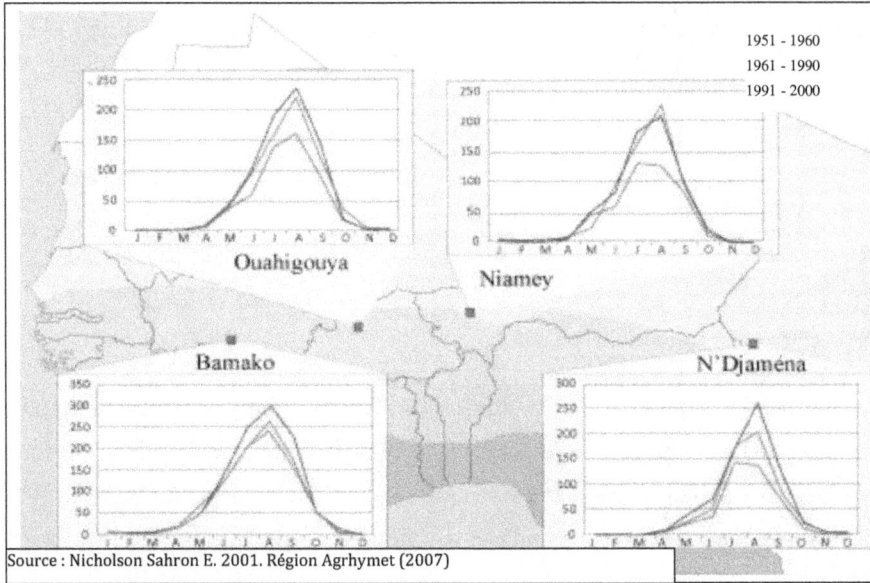

Source : Nicholson Sahron E. 2001. Région Agrhymet (2007)

Figure1.1 : Afrique de l'ouest : zone climatique et évolution des indices pluviométriques

1.2.2 Production agricole et séchage

La production agricole tient une part très importante dans l'économie de la plupart des pays de la région ouest-africaine qui rassemble la majorité des terres arables du continent. Les productions sont variées et portent sur les céréales, les tubercules, les légumes et les fruits. Le tableau 1.1 présente les données de production de quelques produits aux Togo.

Tableau 1.1 : Donnée* de la production agricole au Togo

Cultures	Nationale	Maritime	Plateaux	Centrale	Kara	Savanes
Maïs	568141	86064	231125	104704	30796	42059
Sorgho	222975	1202	112089	58491	36249	78506
Mil	45315	0	0	0	5066	40249
Riz paddy	87158	1519	44338	31811	5258	25172
Igname	633454	18563	326009	321638	99325	15905
Manioc	782107	295804	538956	194776	37618	0
Haricot	64560	3293	33926	6951	5367	23871
Arachide	39171	1889	42375	3696	10863	18724
Légumes*	54684974	4413560	544713	594557	18316200	30815944
Fruits†	34666344	19955414	9158100	594557	544713	4413560

Légende du tableau 1.1

* Source : Enquêtes statistiques des campagnes agricoles de 2005 à 2009 (DSID)
*Situation de référence des cultures maraichères (1994)
†Situation de référence des cultures fruitières (1996)

Si les pertes post-récoltes de produits alimentaires dans les pays occidentaux sont plus élevées après la distribution, dans les pays en développement comme ceux de l'Afrique de l'ouest, elles se situent entre la récolte et la distribution. Estimé à plus de 25% de la production, ces pertes sont en grande partie liées aux problèmes de conservation (Bimbenet, 2002). La production est en grande partie constituée de cultures saisonnières et périssables. Pour permettre leur conservation, les produits sont transformés suivant différents procédés parmi lesquels le séchage tient une place très importante.

Le séchage est pratiqué en milieu rural comme dans les villes. Très pratiqué pour les céréales, pour les tubercules et certaines légumes (gombo, feuilles), il l'est moins, mais de façon croissante, pour les fruits et autres légumes (tomates, choux, etc.) à fort taux d'humidité qui sont souvent consommés à frais. Les difficultés liées au séchage ne sont pas les même d'une région à l'autre. L'humidité relative élevée dans la zone humide (atteignant parfois les 90%) rallonge les durées de séchage et accroît les pertes pendant et après le séchage, si les produits ne sont pas bien secs. Par contre, dans les zones soudano-sahélienne et sahélienne, l'air naturellement sec est propice pour le séchage convectif à air chaud.

Tous les produits sont séchés, mais pour des buts et des débouchés différents. La plupart des produits agricoles est séchée en vue de la conservation pour la consommation ou la vente ultérieure sur le marché local ou à l'export. Mais de plus en plus, et surtout avec les fruits et les légumes, le séchage est pratiqué comme une activité génératrice de revenue.

1.2.3 Les avantages du séchage

Le séchage réduit la teneur en eau des produits et permet leur conservation. Son intérêt réside en ce qu'il est relativement peu coûteux et sa pratique relativement simple avec les techniques artisanales. Il permet d'éviter les pertes de produits de récolte assurant ainsi la sécurité alimentaire par la mise à disposition tout au long de l'année de denrées périssables. Aux producteurs, le séchage permet, de ne plus brader leur production mais de la conserver pour la commercialiser à un meilleur coût. Ils peuvent ainsi par ce biais rentabiliser leur activité.

La perte en eau du produit impliquant une diminution considérable de sa masse, le séchage permet ainsi de faciliter le transport des produits par une réduction des frais de transport. De plus à l'état sec, les produits sont beaucoup moins délicats à manipuler qu'à l'état frais.

La pratique du séchage a aussi une dimension culturelle car il permet de conditionner certains produits suivant les habitudes alimentaires (exemple du Klichi dans les pays du sahel, du gombo sec). C'est également une étape de transformation qui intervient dans la préparation de plusieurs produits agro-alimentaires tels que les pâtes alimentaires locales (Attièké, Gari, Aklui, Mawè, etc.).

1.2.4 La pratique du séchage

Le séchage industriel est assez bien maîtrisé. Ses équipements permettent un séchage rapide de grandes quantités en procurant une bonne qualité de produit sec. Mais, il n'en est pas autant de la pratique du séchage dans la grande majorité des pays d'Afrique subsaharienne. La pratique du séchage est plus traditionnelle et est

21

tributaire des conditions naturelles ; ce qui influe beaucoup sur la qualité des produits secs et conduit à d'importantes pertes. Les séchoirs utilisés sont des séchoirs artisanaux et semi industriels, de conception locale ou importés.

1.3 Etat de l'art sur le séchage

1.3.1 Définition

Le séchage est défini comme un procédé d'élimination par évaporation de l'eau d'un corps humide (solide ou liquide), le produit final obtenu étant toujours un solide (Desmorieux, 1992). De nombreux produits alimentaires et biologiques subissent un séchage lors de leur transformation. Il s'agit souvent dans ces cas d'une étape de formulation du produit, qui intervient avant l'étape de commercialisation ou de conservation et qui conditionne en grande partie sa qualité. Le séchage est pratiqué également à titre accessoire au cours de nombreuses opérations comme : la cuisson, la torréfaction, le broyage, le stockage à température ordinaire ou en entrepôt frigorifique. C'est un procédé de conservation extrêmement ancien, dont l'objet principal est de convertir des denrées périssables en produits stabilisés par abaissement de l'activité de l'eau du produit.

1.3.1.1 Modes de séchage par évaporation d'eau du produit

Le séchage par évaporation d'eau du produit constitue le procédé le plus commun quand on parle de séchage. Elle comporte le séchage par ébullition et le séchage par entraînement. Nous nous limiterons dans le cadre de cette étude au séchage à entraînement par air chaud.

Dans les séchoirs par entraînement, les produits sont placés dans un courant d'air chaud et sec dont la pression de vapeur est inférieure à celle du produit. L'énergie nécessaire à l'évaporation de l'eau est apportée par l'air chaud qui par la même occasion sert de vecteur pour évacuer l'eau évaporée. L'eau est évaporée sans atteindre sa température d'ébullition mais, sous l'effet du gradient de pression partielle en eau.

Dans le cas idéal où toute l'énergie nécessaire à la vaporisation est apportée par convection à partir de l'air chaud, et s'il n'y a pas de perte de chaleur, le séchage est dit isenthalpique. La température du produit ne dépend alors que des caractéristiques de l'air et de l'activité de l'eau (A_w) à la surface du produit. Dans ce cas, le diagramme de l'air humide présenté sur la figure 1.2, utilisé pour le dimensionnement d'un tel séchoir, permet de suivre les variations des caractéristiques de l'air humide au cours du séchage. Dans le cas où d'autres modes d'apport de chaleur se combinent à la convection dans le cas du séchage par entraînement, le séchage est alors non isenthalpique.

1.3.1.2 Description de l'air humide

L'air de séchage est considéré comme un mélange d'air sec et de vapeur d'eau. Les grandeurs sont rapportées à 1 kg d'air sec, contenant Y kg de vapeur d'eau. Sur le diagramme de l'air humide (figure 1.2), est mise en relation la teneur en eau (Y g), la température exprimée en degré Celsius, l'enthalpie spécifique exprimée en kJ/kg d'air sec. L'enthalpie de référence (1.1) est prise égale à celle d'un air sec à 0°C et d'eau liquide à 0°C.

$$H_{ref} = H_{air\,sec,0°C} + H_{eau,0°C} \tag{1.1}$$

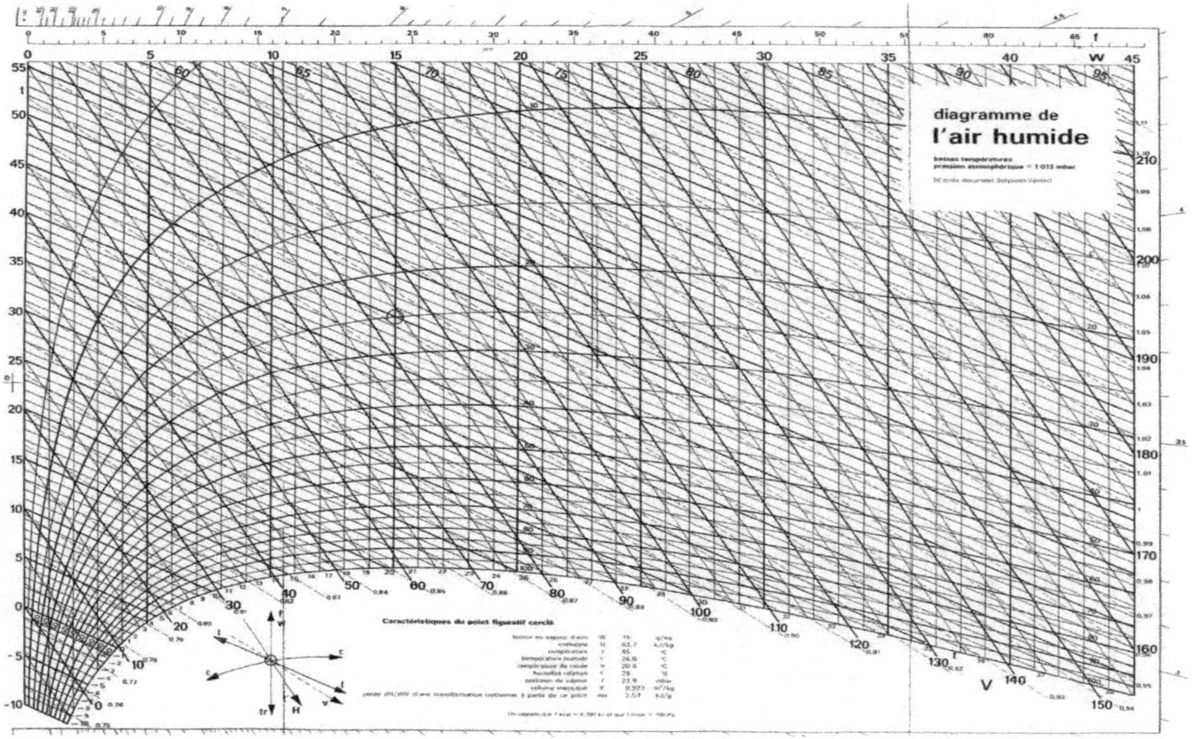

Figure 1.2 : Diagramme de l'air

Lorsque l'eau contenue dans l'air est entièrement sous forme vapeur, 1l'expression de l'enthalpie à une température T est donnée par la relation (1.2).

$$H = c_{pa}.T + Y\left(\Delta H_{v0} + c_{pv}.T\right)$$ (1.2)

Où, $C_{pa}.T$ correspond à l'énergie nécessaire pour faire passer l'air sec de la température 0°C à la température T ; $Y(\Delta H_{v0})$ indique l'énergie de vaporisation de l'eau à 0°C ; $Y(C_{pv}.T)$ correspond à l'énergie nécessaire pour faire passer la vapeur d'eau de 0°C à la température T.

Lorsque l'eau contenue dans l'air est entièrement sous forme vapeur, l'expression de l'enthalpie à une température T est donnée par (1.3):

$$H = c_{pa}.T + Y\left(\Delta H_{v0} + c_{pv}.T\right)$$ (1.3)

Où, $C_{pa}.\theta$ correspond à l'énergie nécessaire pour faire passer l'air sec de 0°C à la température T ; $Y(\Delta H_{v0})$ indique l'énergie de vaporisation de l'eau à 0°C ; $Y(C_{pv}.T)$ correspond à l'énergie nécessaire pour faire passer la vapeur d'eau de 0°C à la température T.

L'air renfermant déjà une quantité de vapeur d'eau dépendant du climat, sa capacité à se charger encore de vapeur d'eau est déterminée par sa température et sa pression. On définit par pouvoir évaporatoire de l'air, sa capacité à absorber jusqu'à saturation, de l'eau placée à son contact. Il est mesuré en gramme d'eau supplémentaire pouvant être absorbé par m³ d'air.

L'humidité absolue et l'humidité relative sont utilisées pour quantifier les proportions d'air sec et de vapeur d'eau contenues dans l'air et le niveau de saturation de l'air en eau.

Lorsque l'air est chauffé, son humidité relative diminue, mais son humidité absolue reste inchangée. Le pouvoir évaporatoire de cet air augmente. C'est là un des intérêts du chauffage de l'air de séchage.

Le pouvoir évaporatoire de l'air peut être lu sur un diagramme d'air humide (figure 1.2).

1.3.1.3 Description du produit humide

1.3.1.3.1 Teneur en eau du produit

L'état d'hydratation d'un produit est caractérisé par sa teneur en eau définie par les relations (1.3) et (1.4). Soit m la masse d'un corps humide contenant une masse m_e d'eau et m_s de matière sèche.

L'humidité absolue encore appelée taux d'humidité ou teneur en eau base sèche, ou encore humidité sur base sèche est définie par la relation (1.4).

$$\chi_s = \frac{m_e}{m_s} = \frac{m - m_s}{m_s} \qquad (1.4)$$

On définit l'humidité relative ou titre en eau (exprimé en pourcentage) ou teneur en eau base humide, ou encore humidité sur base humide par le rapport exprimé par (1.5).

$$\chi_h = \frac{m_e}{m_e + m_s} = \frac{m - m_s}{m} \qquad 1.5)$$

1.3.1.3.2 Etat de l'eau dans un produit

La nature des liaisons entre l'eau et la matière organique dans le produit, permet de distinguer trois types de liaison.

- Lorsque l'eau est liée chimiquement au produit par association moléculaire, ou s'insère dans un réseau cristallin, on dit qu'elle est fortement liée. Le produit est dit hydraté. Cette eau d'hydratation appelée encore eau de constitution ne peut être extraite du produit qu'en le détruisant.
- L'eau peut être liée au corps considéré par des forces d'attraction de surface, d'origine moléculaire de type Van der Waals. La force de rétention diminue vers l'extérieur du produit. On dit alors que l'eau est retenue par osmose et peut jouer le rôle de solvant. On parle d'eau liée et son activité (A_w) est inférieure à 1. Le corps est dit hygroscopique

26

- Lorsque la tension de vapeur est égale à la tension de saturation, l'eau dans le produit est qualifiée d'eau libre. Cette eau se comporte comme l'eau pure à l'air libre ; son activité est égale à 1. Le corps est dit non hygroscopique.

Le séchage consiste à éliminer du produit la totalité de l'eau libre et aussi l'eau liée. La nature des liaisons entre l'eau et le matériau influence le procédé de séchage et la qualité du produit sec.

1.3.1.3.3 Activité de l'eau

L'activité de l'eau d'un produit est le rapport entre la pression de vapeur d'eau du produit et la pression de vapeur de l'eau pure à la même température (1.6).

$$A_w = \frac{P_v}{P_{vs}} \tag{1.6}$$

Elle représente sa capacité à retenir l'eau dans sa structure et à la maintenir pendant l'application des forces extérieures. La présence et l'état de l'eau dans un produit sont illustrés graphiquement par la représentation de la teneur en eau d'équilibre du produit en fonction de son activité de l'eau à une température donnée (1.7). Cette courbe est appelée isotherme de sorption désorption et est présentée à la figure 1.3.

$$X_{eq} = f(A_w) \tag{1.7}$$

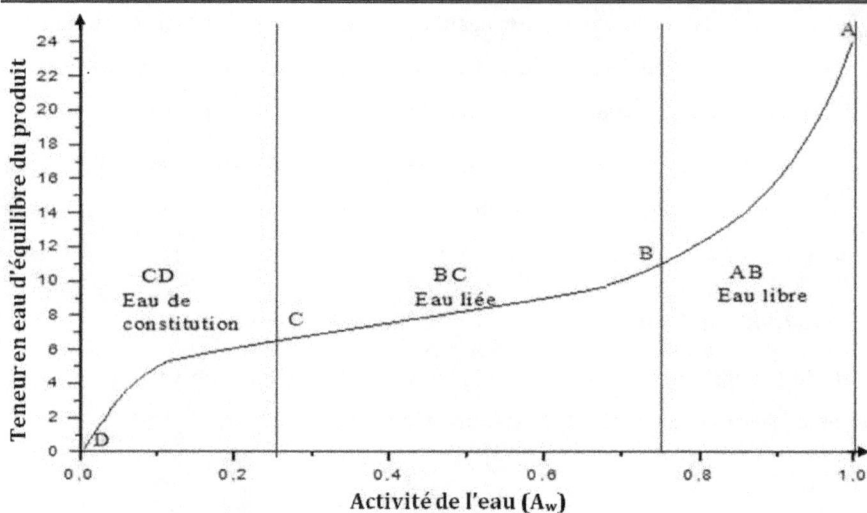

Figure 1.3 : Isotherme de sorption

Les isothermes de sorption diffèrent généralement d'un aliment à un autre. Le profil présenté par la figure 1.3 est celui généralement rencontré dans le cas des produits alimentaires. L'activité de l'eau, tout comme la température, font partie des nombreux facteurs influençant la conservation des produits alimentaires. On considère en général que les réactions altérant la conservation du produit sont inhibées pour des activités de l'eau inférieures à 0,6 (1998). En dessous de cette valeur de l'activité de l'eau, les microorganismes n'arrivent plus à prélever l'eau nécessaire à leur développement et les enzymes deviennent inactives comme le montre la figure 1.4. Un des intérêts du séchage est donc d'abaisser l'activité de l'eau du produit, afin de prolonger sa conservation.

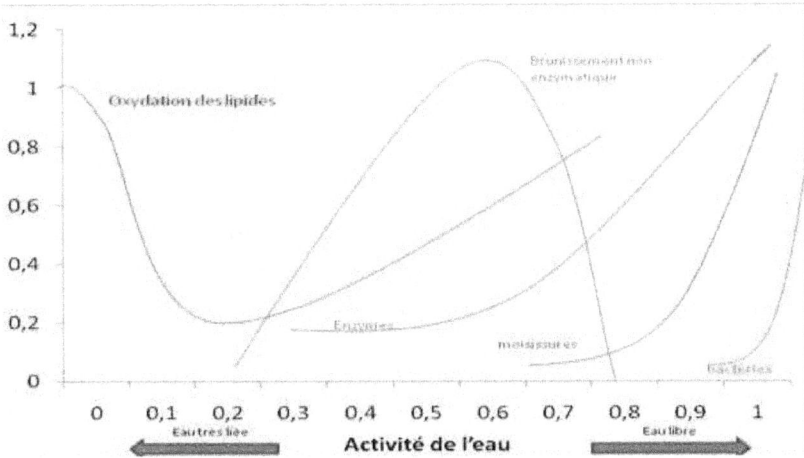

Figure 1.4 : Domaines de développement des différentes réactions et des micro-organismes dans un produit

1.3.1.3.4 Cinétique et phases de séchage

La cinétique de séchage est un des meilleurs moyens pour caractériser le comportement d'un produit au séchage. La cinétique de séchage est déterminée expérimentalement en plaçant dans un air dont les caractéristiques sont bien maîtrisées, un produit et mesurer l'évolution de sa masse à intervalle de temps régulier. L'allure de la perte en eau du produit au cours du séchage est décrite à partir de trois types de courbes :

-   la courbe donnant la teneur en eau en base sèche *(X)* (ou en base humide) en fonction du temps *(t)*,

-   la courbe de la vitesse de séchage $\left(\dfrac{dX}{dt}\right)$ en fonction du temps *(t)* obtenue en dérivant la fonction de la teneur en eau par rapport au temps,

-   la courbe donnant la vitesse de séchage $\left(\dfrac{dX}{dt}\right)$ en fonction de la teneur en eau *(X)*.

29

L'analyse des cinétiques de séchage de la plupart des produits biologiques permet de distinguer trois phases ou périodes de séchage (figure 1.5) :

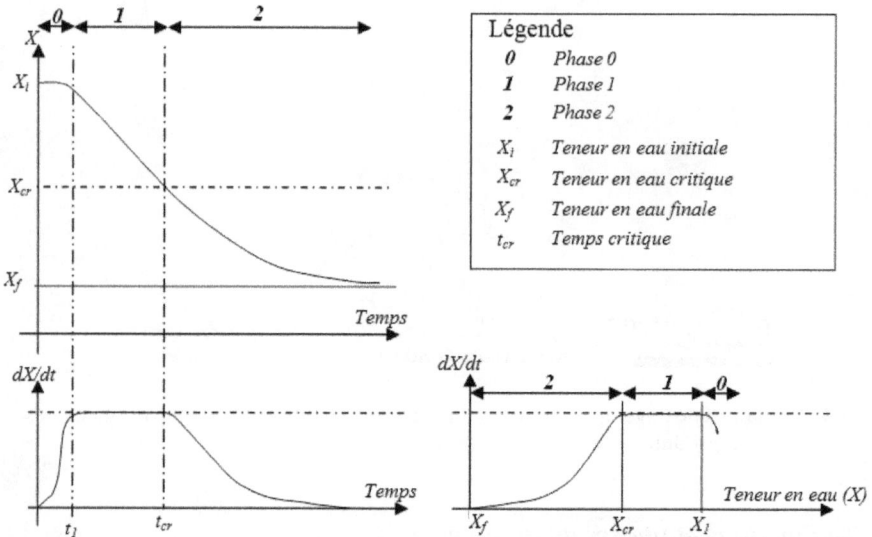

Figure1.5 : Courbes de cinétique de séchage présentant les 3 phases de séchage

- la phase 0 ou période de mise en température,
- la phase 1 de séchage à vitesse constante qui correspond à l'évaporation superficielle de l'eau libre. Le produit reste en dehors du domaine hygroscopique, son activité *(Aw)* reste proche de 1 et le séchage est contrôlé par les transferts externes. Pendant toute cette période, la température du produit est sensiblement égale à la température humide de l'air. La fin de cette phase permet de définir la teneur en eau critique du produit.
- la phase 2 de séchage à vitesse décroissante où l'activité de l'eau baisse et les transferts internes deviennent limitant. La température du produit croit à partir de la surface. La teneur en eau diminue jusqu'à atteindre la teneur en eau limite *(Xlim)* qui dépend des caractéristiques de l'air de séchage *(Température et humidité relative)*. *Xlim* se déduit de l'isotherme de désorption à la température

(T) et correspond à la valeur de *X* pour laquelle l'activité de l'eau est égale à l'humidité.

Une représentation fiable de l'équilibre et aussi de l'allure de la perte en eau du produit est nécessaire pour contrôler le procédé quel que soit le principe physique du séchage. Le contrôle ou la bonne conduite du séchage permet d'éviter l'altération du produit au cours du séchage décrite dans le paragraphe suivant (2.3.3).

1.2.3.3 Action du séchage sur les produits

1.2.3.3.1 Altération des produits après les récoltes

La récolte des produits provoque une dégénérescence des tissus et donc des problèmes de conservation. D'autres réactions se produisant suite aux modifications physiologiques des tissus altèrent la qualité des produits avant et pendant le séchage. Il s'agit des altérations microbiennes, des réactions d'oxydation des lipides, des réactions de brunissement enzymatique.

La compréhension de ces phénomènes guide le choix des traitements d'appoint suivant le type de produit.

1.2.3.3.2 Action sur les micro-organismes

Les micro-organismes se développent rapidement à des températures de 20°C à 50°C, pour des activités de 0,8. Les conditions de séchage mal contrôlées, peuvent donner un terrain favorable au développement de micro-organismes. C'est pour cette raison qu'il faut au niveau du séchage :

- éviter que l'air de sortie du séchoir soit trop humide (> 80%), cela indiquerait qu'une partie au moins du produit se situe à une humidité propice au développement microbien ;
- atteindre assez rapidement une faible activité de l'eau dans le produit, mais il faut faire attention d'éviter le croûtage du produit et aussi la dégradation de la couleur et du goût qui surviennent aux températures élevées.

31

1.2.3.3.3 Evolutions biochimiques

Il existe trois grands types de réactions biochimiques : oxydation et dégradation des lipides, brunissement enzymatique, réaction de Maillard ou brunissement non enzymatique.

- Oxydation et dégradation des lipides

Cette réaction concerne essentiellement les produits à forte teneur en lipides. Elle réduit considérablement la qualité nutritionnelle de l'aliment en lui donnant un goût de rance. Elle est favorisée par une forte teneur en lipides insaturés, de basses températures, une activité de l'eau supérieure à 0,5 et par l'oxygène et la lumière.

La conduite du séchage à haute température et à l'abri de la lumière, limite l'oxydation des lipides. Cependant, les risques de croûtage et de brunissement sont des facteurs limitants à haute température.

- Brunissement enzymatique

Cette réaction est indésirable à cause de la couleur brune qu'elle donne au produit. Elle concerne essentiellement les fruits et les légumes et peut intervenir dans les premières minutes de séchage. Elle est favorisée par l'oxygène, un pH entre 5 et 7 et l'épluchage du produit.

Cependant, les faibles teneurs en eau, les prétraitements thermiques (blanchiment, pasteurisation, etc.), les pH bas, l'acide ascorbique permettent de la limiter. Il est souhaitable, pour les produits dont le brunissement intervient, d'effectuer un prétraitement pour arrêter cette réaction.

- Réactions de Maillard

Contrairement aux deux réactions précédentes, les réactions de Maillard ou brunissement non enzymatique n'interviennent pas naturellement dans l'évolution de produits alimentaires. Elles interviennent sous l'action des traitements thermiques et sont caractérisées par l'apparition de pigments bruns ou noirs et des modifications de goût, d'odeur et aussi de la qualité nutritive des aliments. Si en fonction des habitudes

32

culinaires, ce brunissement est parfois recherché, il peut dans certains cas les rendre inconsommables. Elles sont favorisées par de fortes teneurs en glucides, en protéines, en acide ascorbique, par une activité en eau inférieure à 0,7, un pH compris entre 1 et 7 et par l'action de métaux comme le fer, le cuivre.

L'anhydride sulfurique et les basses températures de séchage permettent de ralentir cette réaction.

1.2.3.3.4 Action de la conduite du séchage sur la qualité du produit alimentaire

Le croûtage est un phénomène intervenant en début de la phase 2 du séchage et qui affecte la qualité et la texture du produit séché. Il est dû à la capacité limitée de diffusion de l'eau dans le produit. Si le pouvoir évaporatoire de l'air est élevé, l'eau s'évapore plus vite à la surface du produit qu'à l'intérieur. La surface sèche alors et se durcit, empêchant la diffusion ultérieure de l'eau contenue dans le produit. Le comportement du produit au séchage sera alors semblable à celui qu'il a en phase finale, sans que l'humidité du produit ait véritablement baissé.

Le croûtage est un phénomène à éviter, qui peut intervenir rapidement au bout de quelques minutes selon les produits. Il est favorisé par une humidité de l'air faible au niveau du produit, une vitesse de circulation de l'air élevée et une forte épaisseur du produit.

Les risques de croûtage peuvent être réduits en suivant l'humidité de l'air à la sortie du séchoir.

Outre les effets majeurs que nous venons de voir, on peut aussi citer : les pertes de composés aromatiques, la perte de vitamines (limitée par un séchage indirect), etc.

Pour éviter ces dégradations du produit au cours du séchage, il convient de mener une bonne conception du séchoir à utiliser. Ce qui nous amène à présenter brièvement l'activité de conception.

1.4 L'activité de conception

1.4.1 Définition

Concevoir un produit selon Jeantet (1996), c'est passer de l'expression d'un besoin à la définition des caractéristiques d'un objet permettant de le satisfaire et à la détermination de ses modalités de fabrication. Elle est conduite suivant des méthodes de conception.

1.4.2 Les méthodes de conception

En génie industriel, Grange (1996) fait ressortir les deux aspects d'une méthode :

- **Un ensemble de principes** tels que le travail en groupe pluridisciplinaire, le cadrage de l'étude, le retour systématique au client, etc ;
- **Une large gamme d'outils mis à disposition.** Contrairement aux principes qui sont incontournables, leur emploi n'est pas obligatoire, mais est recommandé.

La complexité du travail de conception, ses domaines d'application très variés et dynamiques ont conduit au développement de divers méthodes et outils de conception (1999). Cette diversité répond également au souci de mieux satisfaire le besoin des clients, d'améliorer la fiabilité des produits, de réduire les temps de conception, etc. Près d'une quarantaine de méthodes de conception ont été répertoriées par Cavalucci et Mutel (Marouzé, 1999).

Parmi les méthodes les plus répandues, nous citons l'analyse de la valeur, le QFD (*Quality Function Deployment*) ou déploiement des matrices de qualités, et la méthode de conception de nouveaux produits.

1.4.3 Les démarches de conception des équipements agricoles et agroalimentaires dans le contexte des pays du sud

1.4.3.1 La démarche traditionnelle

Dans les pays du sud, on identifie 4 approches de conception, suivant le profil des acteurs, qui caractérisent la démarche de conception.

1.4.3.1.1 Les petits fabricants

En premier, on note l'approche artisanale, la plus ancienne, qui subsiste encore et est non négligeable surtout dans nos milieux. L'artisan est ici le seul acteur de la conception. De l'identification qu'il fait du besoin, qui souvent ne correspond qu'à une vue partielle, il passe directement à la fabrication de l'équipement. Pour la plupart forgerons, soudeurs, ferrailleurs, ou menuisiers, ils proposent des équipements à partir de moyens très limités (outils manuels, matériaux de récupération, etc.) pour améliorer localement l'activité de leurs clients. Faute d'études préalables, ces équipements ne répondent pas au besoin intégral des utilisateurs.

1.4.3.1.2 Les techniciens

En deuxième position, se situent des acteurs avec un niveau technique supérieur au précédent. Suite à l'échec des transferts d'équipements venant des pays du nord, les acteurs locaux techniciens ou artisans, ont développé une nouvelle offre basée sur la copie et l'adaptation de ces équipements à leur contexte. Ces activités de fabrication ont permis l'amélioration de la capacité de fabrication des artisans locaux. Cependant, les besoins des utilisateurs ne sont pas entièrement satisfaits parce que la démarche de conception n'intègre pas à la base une prise en compte complète du besoin.

1.4.3.1.3 Les bureaux d'études et équipes de recherches

En troisième position, on note les activités de conception menées dans le cadre des projets de développement. Certains de ces projets vulgarisent des équipements qui ont connu un succès dans d'autres pays de contextes similaires. Il s'ensuit alors une activité centrée sur une adaptation au nouveau contexte. D'autres par contre partent de la définition du besoin. Ils impliquent souvent des unités de recherche, des bureaux d'études et la démarche est plus élaborée avec une utilisation de l'analyse de la valeur et des outils comme l'analyse fonctionnelle. Toutefois, les équipements issus de ces démarches sont souvent hors de portée à cause du coût de revient très élevé. Ces coûts sont souvent fortement réduits grâce aux subventions qui permettent une bonne diffusion des équipements sur la durée du projet. Cette stratégie de subvention a pour inconvénient de compromettre par la même occasion la pérennité de ce succès. Car l'acquisition de nouveaux équipements après la fin du projet est presqu'impossible à cause de leur coût réel.

1.4.3.2 Méthode moderne de conception des équipements agricoles et agroalimentaires dans les pays du Sud

1.4.3.2.1 La méthode CESAM

La méthode CESAM est une méthode de conception pluridisciplinaire de type participatif qui permet la conduite du projet, de l'identification du problème jusqu'à la diffusion de l'équipement. Elle intègre une organisation du travail de type ingénierie simultanée et met la satisfaction des besoins de l'utilisateur au centre de la conception. L'évolution de l'activité de conception passe par huit phases décrites dans le tableau 1.2.

Cette méthode a conduit à la conception de quelques équipements agroalimentaires en Afrique, en Amérique latine et en Asie du sud : Décortiqueur à Fonio GMBF (Marouzé C., 2005), Canal de vannage pour grains et graines (Mer, 1998; Godjo, 2007).

1.4.3.2.2 Amélioration de la méthode CESAM

La prise en compte du contexte des pays du sud marqué par un faible degré technologique et documentaire, et l'intégration de nouveaux concepts d'organisation du travail de conception sont certes des points forts de la méthode CESAM. Toutefois, certaines étapes de la méthode, encore vaguement définie, ont fait l'objet de travaux qui ont permis la mise au point d'outils complémentaires. Pour la prise en compte des besoins de l'utilisateur, COSU (Conception orientée Scénario Utilisateurs) répond au comment impliquer l'utilisateur dans la conception dès le début du projet tout en facilitant la communication avec les acteurs de la conception. La démarche est basée sur une démarche de type scénario et sur l'utilisation d'objets intermédiaires de conception (Bationo, 2007). L'intégration de la maintenance dans la conception CESAM a été également développée en s'inspirant de l'AMDEC (Barbier, 2008).

Tableau 1.2 : Description des phases de la méthode CESAM (Marouzé, 1999)

Phase	Objectifs et composantes	Outils et moyens	Durée cumulée (%)	Document de fin de phase
1. Déclenchement du projet	Emergence du chef de projet, Identification du projet, Constitution de l'équipe de conception, Programmation des activités, Plan de financement, Décision de lancement		5	Objectifs globaux du projet
2. Analyse du Besoin et état de l'art	Problème posé, Utilisateur visé, Attentes des utilisateurs, Etat de la concurrence, Détermination des fonctions, Objectif de coût, Evaluation des risques	Enquête, Entretiens, Analyse ergonomique, Veille technologique, Analyse fonctionnelle, Etude économique, Analyse de la concurrence	20 à 30	Cahier de charge fonctionnel, bilan équipements et technologie
3. Recherche de principes	Rechercher et valider les principes	Créativité, expertise, Inventaire de principes Arborescence fonctionnel, Maquette fonctionnelle, FAST	10	Principes retenus
4. Définition du produit	Définir les entités fonctionnelles	Inventaire de solutions fonctionnelles, créativité, Tous types de schémas, CAO	10	Solutions techniques retenues
5. Définition du produit	Définition détaillés de l'équipement, de ses approvisionnements, de ses modes de fabrication, de sa maintenance et de son coût	Outils de Bureau d'Etude (BE) : CAO, feuille de calcul, Planche de dessin ; Documentation BE, Inventaire des moyens de fabrication et de coût.	20 à 25	Dossier produit
6. Fabrication de l'équipement	Matérialisation de l'équipement, Etude préalable en vue de réduire les risques d'erreurs graves	Association d'un équipementier, moyen interne à l'équipe de conception ou sous traitance,	< 15%	Prototype
7. Validation technique, économique et sociale	Validation du cahier de charge fonctionnel	Test en milieu réel par un utilisateur ou proche des conditions définitives d'utilisation de l'équipement	15%	Equipement définitif
8. Diffusion	Vérification sur le cycle de vie du produit, capitalisation des connaissances, publication	Sous traitance (sous réserve d'être suivie par l'équipe conception).	N'est pas inclue dans la durée du projet	Bilan du projet

Légende du tableau 1.2 : FAST : Functional Analysis System Technique
CAO : Conception Assistée par Ordinateur
BE : Bureau d'Etude

La recherche de principe à la phase 3 est effectuée à l'aide d'APSETA (Aide à la production de Solutions d'Equipement de transformation Agroalimentaire) qui comprend une base de données sur les principes, les caractéristiques des produits et leurs propriétés (2010). Cette approche s'inspire de la méthode TRIZ. En se basant sur la démarche du QFD, Edoun (2002) a mis au point MASADRY (**Ma**trix for **S**election an **A**ppropriate **Dry**ing **P**rinciple) pour aider à la détermination des principes de solution pour la conception de séchoirs. Cet outil permet d'enrichir la phase 3 de CESAM.

En conclusion, la démarche de conception dans les pays du sud et en Afrique en particulier n'intègre que très peu l'application consciente de méthodes de conception et occulte très souvent la caractérisation du besoin de l'utilisateur. L'analyse économique préalable à la réalisation de l'équipement est rarement faite. Les équipes sont rarement pluridisciplinaires. Les membres des équipes sont issus d'une formation en mécanique. Pour les projets les plus élaborés, on note que la plupart des étapes de conception sont réalisées par une seule entité, les autres sont juste associées en début du projet ou à la fin pour la validation.

1.5 Etat de l'art sur les outils de choix de séchoirs

Les outils d'aide à la décision pour le choix de séchoirs existants actuellement diffèrent en fonction des catégories de séchoirs. Ces outils sont soit descriptifs sur papier (Tableau, arbre de classification, etc.) ou implémentés sur ordinateur.

1.5.1 Outils descriptifs sur papier

Au niveau des séchoirs industriels, il existe des classifications de séchoirs sous forme de tableau basées sur des critères tels que le mode de production (batch ou continu), l'état, la forme et la taille du produit (liquide, pâte, solide, particule, film, rondelle, granule, etc.), le mode de transfert de la chaleur au produit (conduction, convection, rayonnement), la pression de fonctionnement (atmosphérique ou sous vide…), la circulation du produit dans le séchoir, etc. On peut citer les classifications proposées par Miranda et al, et par Bimbenet *et al.* (2004). Une revue de séchoirs industriels précisant leurs caractéristiques techniques et des indications pour faciliter le choix est proposée par Mujundar (Ekechukwu & Norton, 1999).

Pour les séchoirs à petite et moyenne échelle, il existe une classification selon leur principe d'apport de la chaleur et le type de convection pour les séchoirs solaires (1992). La classification proposée par Desmorieux (Rozis, 1995) présente plusieurs types de séchoirs suivant différents principes de fonctionnement pouvant être mis en œuvre. Des répertoires de séchoirs ont été également mis au point par le GERES, avec des photos et schémas des séchoirs et des indications du coût d'achat, des produits séchés et de leur débit (Rivier *et al.*, 2009). Il existe également des ouvrages sur un séchoir particulier détaillant son fonctionnement, son utilisation, ses avantages et inconvénients. C'est l'exemple de "séchage de mangue" qui donne des détailles sur le séchoir Atesta et le modèle Cirad pour le séchage de mangues (Murthy, 2009; Sharma *et al.*, 2009; Fudholi *et al.*, 2010). Plusieurs articles scientifiques présentent également des reviews de séchoirs ayant fait l'objet de publication scientifique (2010). Il s'agit essentiellement dans ce cas de modèles de laboratoire avec les schémas de fonctionnement et l'indication dans certains cas des produits séchés avec les débits et les rendements. Les indications des données dans le cas des séchoirs à petite et moyenne échelle sont souvent insuffisantes pour permettre un choix efficace. Parmi ces différents outils, aucun ne prend en compte le besoin de l'utilisateur dans son ensemble. Edoun (2001), a proposé MASADRY, un outil d'aide à la conception basé sur la démarche du QFD, permettant de déterminer les principes de solutions adaptés au besoin et à l'environnement de l'utilisateur. Cependant, cet outil ne propose pas de solutions techniques et son utilisation est assez complexe et nécessite une bonne connaissance en génie des procédés.

1.5.2 Outils implémentés sur ordinateur

Il s'agit de logiciels mis au point pour aider à la décision ou pour programmer l'exécution de tâches. Ils comprennent deux parties, une base de connaissance et une méthode de calcul pour conduire la décision. Parmi les méthodes souvent utilisées, figurent les réseaux de neurone, la logique floue, Electre, etc.

Baker et Lababidi, (Lababidi & Baker, 2003) utilisent les notions de la logique floue pour permettre la sélection de séchoirs batch. Suivant le même principe, ils mettent en œuvre DrySES un outil de choix de séchoirs industriels utilisant la technologie du web (Mujumdar, 2004). Les critères de sélection sont le mode d'opération, la disposition des produits dans le séchoir, le contact air-produit.

Les outils d'aide au choix de séchoirs industriels sont assez développés avec des critères précis et des systèmes experts permettant à partir d'un cahier de charges de pouvoir identifier les gammes de séchoirs correspondants. Cependant, l'exploitation de ces outils ne peut se faire sans une connaissance effective en séchage. Cela explique la proportion encore élevée d'erreurs qui sont commises dans le choix des séchoirs industriels (Augustus Leon *et al.*, 2002; Murthy, 2009).

A l'échelle semi-industrielle et artisanale, les classifications des séchoirs ne fournissent pas suffisamment d'informations pour prendre en compte tous les aspects du besoin d'un demandeur de séchoir. La plupart des classifications existantes ne donnent des informations que sur le principe de fonctionnement, la capacité et la durée de cycle de séchage et le coût d'achat.

Il ressort d'une part, l'existence de divers types d'outils pouvant aider au choix d'un type de séchoir correspondant à un besoin. Cependant, dans certains cas, ils ne sont pas suffisamment précis pour éclairer un choix. Ceux qui sont efficaces nécessitent un niveau élevé d'instruction pour les utiliser. On note d'autre part que pour la conception, les outils d'aide à la conception de séchoirs sont presqu'inexistants. La plupart des outils recensés sont orientés vers le choix de séchoirs existants, ou à acheter. L'aide à la décision pour le choix de solutions techniques à mettre en œuvre et prenant en compte le besoin intégral du demandeur est moins développé.

1.6. Problématique

Plusieurs travaux ont été faits sur le séchage, et beaucoup de dispositifs sont conçus pour le séchage de produits agricoles. Mais une observation attentive des applications en Afrique en général et en Afrique de l'ouest en particulier révèle une carence au niveau de la conception des équipements de séchage. Cette carence se traduit par le fait que :

- les connaissances scientifiques se rapportant au séchage de produits agricoles ne sont pas mises à profit pour accroître les performances des équipements. Ces nombreuses connaissances peuvent être classées dans trois domaines :
  - → Science des aliments : modification de la qualité du produit en fonction des transformations qu'il subit (caractéristiques de la matière première (maturité, présences d'enzymes, etc.) ; conditions physiques intensives (température, activité de l'eau, pression, etc.)
  - → Physique thermique et énergétique (exemple du dimensionnement d'un capteur thermique solaire, transfert de chaleur et de matière, etc.)
  - → Génie industriel intégrant les réalités des pays du sud (méthodes et outils prenant en compte l'environnement technico-économique et social pour effectuer des choix en réponse aux demandes des opérateurs.)
- il n'y a pas de base de données sur les différents modèles d'équipement conçus pour élargir l'éventail des possibilités permettant d'enrichir la créativité des concepteurs,
- on note une quasi inexistence de la phase de sélection des principes de mise en œuvre du séchoir prenant en compte les propriétés du produit à sécher et les caractéristiques de l'environnement du futur équipement dans les processus de conception locaux,
- les futurs utilisateurs de l'équipement ne sont pas associés à la conception pour assurer une prise en compte réel de leurs besoins.

Ces divers facteurs affectant la conception d'équipements en Afrique de l'Ouest, conduisent à la fabrication des équipements de faible rendement, ne satisfaisant pas les besoins des utilisateurs. De nombreux séchoirs ont été testés et diffusés, mais rares sont ceux qui ont connus un succès ; les pertes sont énormes. La conséquence est que les paysans aussitôt après les récoltes sont obligés de brader leurs produits. Ce qui n'est pas sans effet sur la situation socio-économique des milieux ruraux et sur le développement de la filière de séchage de produits agricoles et agroalimentaires en Afrique occidentale.

Nous présentons dans ce travail une contribution à l'amélioration de la conception de séchoirs en Afrique de l'Ouest par la mise au point d'un outil pour aider au choix de solutions techniques de séchoirs pour les produits agricoles et agroalimentaires.

L'outil d'aide à la décision que nous mettons en œuvre a pour objectif d'aider les intervenants (experts, concepteurs, enseignant-chercheurs, demandeurs de séchoirs) dans la définition de séchoirs pour le choix de solutions techniques de séchoirs, adaptés à l'environnement où sera utilisé l'équipement et prenant en compte les propriétés des produits à sécher.

Chapitre 2 : Caractéristiques du contexte de séchage et des séchoirs utilisés en Afrique de l'Ouest

2.1 Introduction

L'activité de séchage met en relation plusieurs acteurs et les milieux : le séchoir, l'utilisateur, l'environnement climatique, économique et social autour du séchoir. Plusieurs critères existent dans la littérature pour permettre de caractériser l'activité de séchage. Cependant, les différences entre les critères proposés par différents auteurs rendent difficile la comparaison entre séchoirs (Augustus *et al.*, 2002). Il est alors important, pour la caractérisation de l'activité de séchage dans une région donnée, de définir les critères les mieux adaptés.

Ce chapitre rapporte et analyse les résultats d'une enquête menée dans trois pays d'Afrique de l'Ouest : le Togo, le Bénin et le Burkina Faso sur les pratiques et les équipements de séchage. Les critères structurants de classification et d'évaluation de séchoirs en fonction de l'environnement d'étude ont été déterminés. Une comparaison entre six séchoirs jugés représentatifs a été faite du point de vue thermique et économique à partir des données recueillies sur le terrain. Le coût de séchage et la consommation énergétique de ces séchoirs ont été calculés. Cette étude a permis de faire ressortir les facteurs justifiant l'adoption de certains séchoirs au lieu d'autres. Une classification des critères étudiés en vue du choix ou de la conception de séchoirs est également effectuée.

2.2 Matériels et méthodes

2.2.1 Détermination de critères pour la caractérisation des séchoirs

Dans la littérature, de nombreux critères sont utilisés pour classifier et évaluer les séchoirs. Ces critères diffèrent d'un auteur à un autre et il n'y a pas de procédure standard. La procédure proposée par exemple par le "National Bureau of Standards de l'American society of heating refrigeration and Air conditioning Engineers" aux Etats-Unis diffère de celle du Bundesverband Solarenergie en Allemagne (Mujumdar, 1995)

Les critères issus de la littérature sont présentés dans les tableaux 2.1 et 2.2. Le tableau 1 correspond aux critères qualitatifs qui permettent de définir les types de séchoirs et de les classifier. Les critères quantitatifs dans le tableau 2 sont utilisés pour comparer les données de séchoirs et leurs performances (caractéristiques physiques, qualité des produits, procédés de séchage, rendement, thermique, etc.)

La préparation de l'enquête effectuée s'est faite sur la base des critères des tableaux 2.1a, 2.1b et 2.2. De nouveaux critères ont été définis pour mieux caractériser le contexte du séchage spécifique à la zone Sub-saharienne (tableau 2.3). Les critères quantitatifs des tableaux 2.2 et 2.3 sont répartis en 5 types :

- Caractéristiques du séchoir,
- Caractéristiques des produits (humides et secs),
- Transfert d'énergie et de matière,
- Caractéristiques environnementales,
- Caractéristiques économiques.

Certains paramètres n'ont pas pu cependant être pris en compte du fait de l'impossibilité de les évaluer durant l'enquête. Il s'agit par exemple de l'analyse des qualités nutritionnelles, de la capacité de réhydratation des produits secs.

Il est important de remarquer que les critères qualitatifs et quantitatifs sont fortement liés. Par exemple, le type de séchoir (critère qualitatif) précisant s'il s'agit d'un séchoir à production industrielle ou artisanale est associé au débit de produit séché (critère quantitatif). Les séchoirs industriels ont des débits de centaines de kg à plusieurs tonnes de produits séchés par heure avec une utilisation de l'électricité ou d'énergies fossiles.

Tableau 2.1a: Critères de classification de séchoirs et leurs caractéristiques

Critères	Caractéristiques des séchoirs	Exemples de séchoirs	Réferences
Type	industriel (à grande échelle)	séchoir à lit fluidisé, lyophilisateur	(Ekechukwu & Norton, 1999; Sharma *et al.*, 2009)
	semi-industriel ou artisanal (à petite et moyenne échelles)	hoheneim, Atesta, coquillage, séchage à l'air libre	(Bimbenet, 2002; Anon, 2005),
Energie	énergie fossile ou électrique	séchoir à lit fluidisé, Atesta	(Bala *et al.*, 2003; Gbaha *et al.*, 2007)
	énergie solaire	séchoir hoheneim, serre	(Berthomieu, 2004)
	hybride	séchoir Geho	(Sharma *et al.*, 1995; Gbaha *et al.*, 2007)
Type de capteur solaire	direct	séchoir coffer, serre	(Fournier & Guinebault, 1995)
	indirect	séchoir coquillage	(Amouzou *et al.*, 1986; Bala *et al.*, 2003)
	mixte	séchoir hoheneim, chambre	(Bimbenet, 2002)
État physique des produits	solide	séchoir rotatif	(Ekechukwu & Norton, 1999; Bimbenet, 2002; Mujumdar, 2004)
	pâte	séchoir tambour	
	liquide	séchoir à pulvérisation	
mode d'opération	batch	séchoir chariot, MO5, cupboard	(Bimbenet, 2002; Mujumdar, 2004)
	continue	séchoir à dispersion	
Temps de séchage	ultra court (< 1min)	séchoir à pulvérisation	(Ekechukwu & Norton, 1999; Burgschweiger & Tsotsas, 2002; Mujumdar, 2004; Murthy, 2009)
	court (entre 1 min et 60 min)	séchoir à lit fluidisé, séchoir rotatif	
	long (> 60 min)	séchoir tunnel, serre, silo	
Mouvement des produits	stationnaire	séchoir armoire	(Mujumdar, 2004)
	vibration	séchoir à lit fluidisé	
	Agitation ou dispersion	séchoir à lit fluidisé	
Nombre de niveau	un niveau	séchoir chariot	(Daguenet, 1985; Bimbenet, 2002; Mujumdar, 2004)
	plusieurs niveaux	séchoir à lit fluidisé	
Température de séchage	supérieure à la température d'ébullition	séchoir tambour, séchoir rotatif	(Bimbenet, 2002; Mujumdar, 2004)
	inférieure à la température d'ébullition	séchoir chariot, serre, armoire indirect	
Pression d'operation	supérieure à la pression atmosphérique	séchoir pneumatique	(Ducept *et al.*, 2002; Holmberg *et al.*, 2003; Prachayawarakorn *et al.*, 2006)
	inférieure à la pression atmosphérique (sous vide)	séchoir tambour / séchoir sous vide à claie	

Tableau 2.1b: Critères de classification de séchoirs et leurs caractéristiques

Critères	Caractéristiques des séchoirs	Exemples de séchoirs	Réferences
Fluide caloporteur	air	séchoir chariot, Armoire indirect, Atesta	(Mujumdar, 1995; Bimbenet, 2002; Mujumdar, 2004)
	vapeur surchauffée	séchoir à lit fluidisé	
	autres gaz	séchoir rotatif	
Mode de transfert de chaleur	convection	séchoir tunnel, séchoir à lit fluidisé	(Anon, 2008)
	conduction	séchoir rotatif indirect, séchoir tambour	
	radiation	séchoir à lit fluidisé, séchoir solaire, micro-onde	
	combinaison de différents modes.	séchoir solaire mixte	
	Continue ou intermittent	séchoir solaire / électrique	
	adiabatique ou non-adiabatique		
Ventilation	séchoir passif	séchoir serre, Atesta	(Mujumdar, 1995; Berthomieu, 2004)
	séchoir actif	séchoir Geho, séchoir à pulvérisation	(Nadeau & Puigali, 1995; Mujumdar, 2004)
Type de mise en contact air-produit	co-courant (flux léchant)	séchoir chariot	(Pelegrina *et al.*, 1999)
	contre-courant (flux léchant)	séchoir chariot	
	courant croisé (flux traversant)	séchoir à lit fluidisé	
	courant mixte (flux léchant et traversant)	séchoir à pulvérisation, séchoir à tambour rotatif	(Esper & Muhlbauer, 1998; Arinze *et al.*, 1999)

À une échelle plus réduite, pour les séchoirs artisanaux (objet de cette étude) on a des débits évaporatoires de quelques kg d'eau par heure avec des temps de séchage d'un à plusieurs jours. Les énergies renouvelables en particulier l'énergie solaire (Belessiotis & Delyannis, ; Ekechukwu & Norton, 1999; Augustus Leon *et al.*, 2002; Fudholi *et al.*, 2010) sont souvent utilisées. On a rencontré également des utilisations de systèmes hybrides combinant l'énergie solaire et les énergies fossiles.

Tableau 2.2: Critères quantitatifs d'évaluation de séchoirs

Critères	Détails	Références
Spécifications du séchoir	Type de séchoir (tableau 1)	(Janjai & Tung, 2005)
	Dimension du séchoir	(Sharma *et al.*, 1995; Sarsavadia, 2007)
	Puissance installée (bruleur à gaz, résistance électrique, capteur et gisement solaire)	(Berthomieu, 2004)
	Capacité du séchoir en produit	(Augustus Leon *et al.*, 2002; Forson *et al.*, 2007)
	Nombre de claie, surface d'une claie	(Rozis, 1995)
	Facilité de chargement et de déchargement	(Rozis, 1995)
	Facilité d'utilisation, de nettoyage et d'entretien	(Pott *et al.*, 2005)
Spécifications des produits	Qualités sensorielles : goût, arome, texture, couleur	(Lo, 1983; Kameni *et al.*, 2003; Chen *et al.*, 2005)
	Qualités nutritionnelles	(Pangavhane & Sawhney, 2002)
	Capacité de réhydratation des produits séchés	(Anon, 2005)
	Uniformité du séchage des produits	(Jannot & Coulibaly, 1998)
Transfert d'énergie et de matière	Capacité évaporatoire journalière	(Sharma *et al.*, 1993)
	Temps de séchage	(Kowalski & Rajewska, 2009)
	Rendement thermique du séchoir	(Dissa *et al.*, 2009)
	Rendement du premier jour de séchage	(Leite *et al.*, 2007)
	Température de l'air de séchage	(Leite *et al.*, 2007)
	Humidité relative de l'air de séchage	(Amouzou *et al.*, 1986)
	Température maximale de l'air de séchage	(Murthy, 2009)
	Temps pendant lequel $(T_s-T_a) > 10°C$	(Talla *et al.*, 2001)
	Débit de l'air de séchage	(Purohit *et al.*, 2006)
Spécifications environementales	Surface au sol nécessaire	(Rozis, 1995)
	Disponibilité de la main d'œuvre de fabrication et d'utilisation	(Anon, 2005)
	Conditions de sécurité	(Chua & Chou, 2003; Purohit *et al.*, 2006)
Caractéristiques économiques	Coûts du séchoir et du séchage	(Amouzou *et al.*, 1986; Purohit *et al.*, 2006)
	Temps de retour	(Ekechukwu & Norton, 1999; Sharma *et al.*, 2009)

Tableau 2.3: Critères utilisés

Type d'information	Critères issus de la littérature	Nouveaux critères	Critères calculés
Spécifications du séchoir	- type de séchoir - schéma du séchoir indiquant son principe de fonctionnement - photographie - énergie utilisée - ventilation - position relative des claies - surface de claies - type de circulation d'air dans le séchoir - mode d'opération - mise en contact air produit - temps de séchage - capacité du séchoir (en produit humide) - durée de vie du séchoir	- nombre de claie - principaux matériaux utilisés - nombre de jours moyen d'utilisation du séchoir par an	- surface de séchage masse du produit humide par claies
Spécifications des produits	- nom du produit / catégorie de produit - teneur en eau initiale - teneur en eau finale - forme de présentation du produit - température maximale de l'air de séchage selon les produits	- autres produits séchés avec le même séchoir - Teneur moyenne en sucre	- quantité de produit séché par cycle
Transfert d'énergie et de matière	- gisement solaire - énergie fournie au séchoir - surface du capteur - rendement du capteur - température moyenne de l'air de séchage - humidité relative de l'air de séchage		- quantité d'énergie utilisée par jour - rendement de séchage - masse d'eau évaporée par jour
Spécifications eenvironnementales	- zone climatique - température moyenne de l'air ambiant - humidité relative moyenne de l'air ambiant	- avantages et inconvénients tels que perçus par les utilisateurs - disponibilité de l'espace - type d'utilisateur - niveau d'organisation des utilisateurs - zone géographique - disponibilité et coût de l'énergie	
Caractéristiques économiques	- coût de la matière première par jour - coût du produit sec - coût du séchoir - coût de fonctionnement - plus-value - chiffre d'affaire - temps de retour	- capacité d'investissement - débouchés des produits secs	- coût de séchage - coût de maintenance - proportion du coût de séchage par rapport au chiffre d'affaire - plus-value - plus-value par rapport au chiffre d'affaire

Dans un souci d'uniformité avec différents travaux sur les séchoirs solaires, la terminologie utilisée dans ce travail désigne pour :

- séchage traditionnel au soleil : dispositif à l'air libre où le rayonnement solaire parvient directement au produit souvent non protégé des insectes, de la pluie, etc. ;
- séchoir solaire direct : séchoir utilisant l'énergie solaire et dans lequel le rayonnement parvient directement aux produits à travers une couverture transparente ;
- séchoir solaire indirect : séchoir utilisant l'énergie solaire et dans lequel le rayonnement solaire chauffe l'air qui ensuite transfère son énergie au produit mis à l'abri du rayonnement solaire;
- séchoir solaire mixte, combine les deux principes précédents ;
- séchoir hybride, utilise en plus de l'énergie solaire une autre forme d'énergie au moins (1995).

2.2.2 Enquête en Afrique de l'Ouest

L'enquête a été menée dans trois pays d'Afrique de l'ouest ; au Togo, puis étendue au Burkina-Faso et au Bénin. Ces trois (3) pays s'étendent sur trois (3) zones climatiques. La zone tropicale humide entre le 6ème et le 9ème parallèle nord, la zone tropicale soudano-sahélienne entre le 9ème et le 12ème parallèle nord, et enfin la zone sahélienne à partir du 12ème parallèle nord (figure 2.1). Les mêmes conditions climatiques sont rencontrées dans d'autres pays d'Afrique, d'Asie et d'Amérique avec des procédés et technologie de séchage similaire.

La population ciblée est constituée de fabricants de séchoirs et d'utilisateurs de séchoirs. Dans le cadre de cette enquête, nous nous sommes limités au séchage à petite et moyenne échelle de produits agricoles tropicaux. Le séchage industriel (phosphate, produits pharmaceutique, etc.), le séchage de produits inorganiques (argile) et de produits carnés (viande, poisson, crustacés) ne sont pas considérés dans cette étude.

Au Togo, trente-sept (37) localités ont été visitées, réparties sur toutes les cinq (5) régions économiques que compte le pays. Six (6) localités dans le sud du Bénin et six (6) localités au centre et au sud-ouest du Burkina-Faso ont été visitées (figure 2.1). La méthode des enquêtes à l'aide d'un guide d'entretien s'inspire de celle de Shiba (Shiba, 1995) qui consiste à plonger dans le milieu des acteurs du séchage pour comprendre de l'intérieur, par imprégnation. Fort de cette approche, l'entretien a été mené auprès de cent vingt-trois (123) répondants au Togo, sept (7) au Bénin et dix (10) au Burkina-Faso. L'échantillon de ce public cible largement supérieur à la douzaine d'acteurs que préconise la méthode, permet de considérer que ce travail a pu recueillir au moins 70% de la richesse des informations (Marouzé, 1999). Les données de types qualitatif et quantitatif, ont été recueillies lors de l'enquête à partir de questionnaires s'inspirant du tableau 2.3, sur support papier et matérialisés sous forme d'un guide d'entretien du type exploratoire et descriptif (Amou *et al.*, 2010; Amou *et al.*, 2010).

L'enquête réalisée a eu pour objectifs : premièrement de répertorier les séchoirs utilisés y compris les dispositifs traditionnels, deuxièmement de caractériser l'activité de séchage à partir des critères du tableau 2.3, troisièmement de classifier les séchoirs suivant les critères les plus importants et quatrièmement de déterminer les séchoirs qui sont thermiquement et économiquement plus efficients.

2.2.2.1 Coût de séchage et coût d'investissement

Les capacités des séchoirs sont données par les débits $\dot{m}$ exprimés en *kg/j* par la relation (2.1).

$$\dot{m} = \frac{m_i}{\Delta t_{cy}} \tag{2.1}$$

où m_i indique la capacité du séchoir en produit humide et Δt_{cy}, la durée du cycle de séchage en jour.

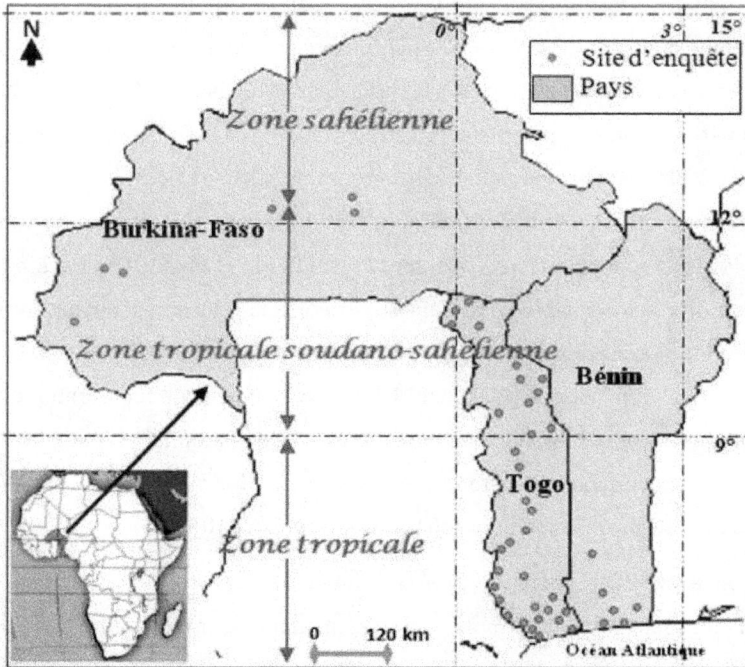

Figure 2.1: Sites d'enquête au Togo, au Bénin et au Burkina-Faso

Pour comparer les différents séchoirs, les débits de produits séchés sont exprimés par unité de surface de claie S_t en m^2 selon la relation (2.2).

$$\dot{m}_t = \frac{\dot{m}}{S_t}$$
(2.2)

Cependant, du fait que certains séchoirs peuvent être sous dimensionnés par rapport à la charge de produits traités, les débits de produits en séchoirs solaires sont aussi rapportés à la surface du capteur (2.3). Pour les séchoirs à gaz, le débit est donné en kg/h en précisant le débit de consommation gaz. Afin de prendre en compte l'orientation des capteurs solaires, les surfaces considérées sont celles projetées des capteurs directs ($S_{dir,p}$) et indirects ($S_{ind,p}$) sur un plan orthogonal au rayonnement solaire.

52

$$\dot{m}_c = \frac{\dot{m}}{\left(S_{dir,p} + S_{ind,p}\right)} \tag{2.3}$$

Le coût d'achat du séchoir *(C$_{inv}$ en f CFA)* est rapporté au débit de séchage pour permettre la comparaison de l'investissement des différents séchoirs (2.4) :

$$\dot{C}_{inv} = \frac{C_{inv}}{\dot{m}} \tag{2.4}$$

2.2.2.2 Caractérisation thermo-économique de quelques séchoirs

Les informations recueillies dans les enquêtes sont complétées par l'évaluation des performances énergétiques et économiques de six (6) séchoirs considérés comme représentatifs des séchoirs inventoriés. Les paramètres déterminés sont : l'efficacité énergétique du séchoir, le coût du séchage par kg d'eau évaporée, le chiffre d'affaire et le bénéfice réalisés.

2.2.2.2.1 Energie disponible

➢ Energie solaire reçue par le séchoir

Le rayonnement solaire considéré pour les sites enquêtés est le rayonnement global mesuré et exploité par l'équipe de la CUER (Chaire UNESCO sur les Energies Renouvelables) de l'Université de Lomé (R. C. Weast). Les mesures sont effectuées à l'aide d'un pyranomètre LI 200 SA d'une précision de 5% et les données sont enregistrées sur une centrale d'acquisition LI1400. Trois (3) stations de mesures sont installées par la CUER à Lomé, à Atakpamé et à Mango (figure 2.2). Pour chaque site enquêté, les données d'ensoleillement *(I en kJ/m².j)* considérées sont celles de la centrale la plus proche.

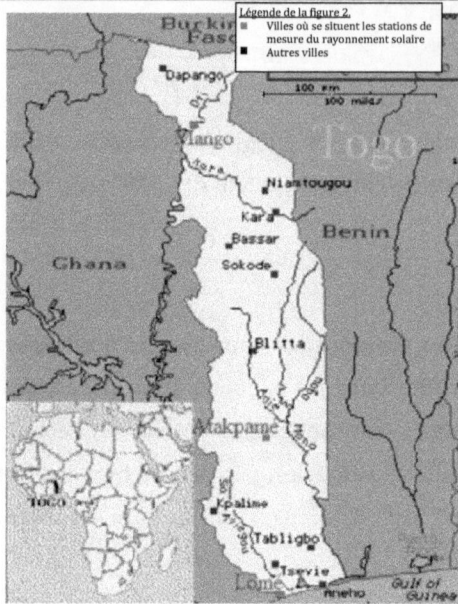

Figure 2.2 : Localisation géographique des stations de mesures du rayonnement solaire au Togo

A partir du calcul des surfaces qui dépend de leurs orientations, l'énergie solaire reçue par jour (E_s *en kJ/j*) par le séchoir est donnée par la relation (2.5):

$$E_s = I\left(S_{dir,p} + S_{ind,p}\right) \qquad (2.5)$$

➢ Energie apportée au séchoir par du gaz domestique

Le gaz domestique utilisé, en bouteille de 12 ou 25 *kg* est généralement du butane. Nous avons considéré le Pouvoir Calorifique Inférieur (PCI) égale à 46000 *kJ/kg* d'après (R. C. Weast). L'énergie journalière *(E_g en kJ/j)* apportée au séchoir par le gaz est calculée à partir de la masse moyenne de gaz utilisée par cycle ($m_{g,cy}$) communiquée par les opérateurs, et rapportée à la durée du cycle (Δt_{cy}) selon la relation (2.6).

$$E_g = m_{g,cy}\big/\Delta t_{cy} \times ICP \qquad (2.6)$$

54

➤ Energie électrique

La seule utilisation de l'électricité constatée lors de l'enquête était pour la ventilation. L'énergie électrique n'est donc pas prise en compte dans le bilan thermique, mais son coût intervient dans les calculs économiques.

➤ Energie totale disponible

L'énergie fournie au séchoir par jour *(E en kJ/j)* est donnée par la somme de l'énergie solaire recueillie et de celle issue de la combustion de gaz domestique, définie par la relation (2.7).

$$E = E_s + E_g \qquad (2.7)$$

2.2.2.2.2 Efficacité énergétique d'un séchoir

L'efficacité énergétique est définie par le rapport de l'énergie (E_v) nécessaire pour évaporer l'eau contenue dans le produit à l'énergie (E) fournie au séchoir

➤ Energie nécessaire à la vaporisation de l'eau

La quantité d'eau évaporée pendant tout le cycle de séchage d'un produit est rapportée à la journée de séchage. La masse d'eau moyenne évaporée par jour ($\overline{M_{ev}}$ *en* kg/j) est calculée en considérant les teneurs en eau initiales (X_i) et finales (X_f) du produit obtenues de la littérature, la durée du cycle de séchage Δt_{cy} et la masse initiale de produit m_i selon la relation (2.8).

$$\overline{M_{ev}} = \frac{m_i}{\Delta t_{cy}} \left(\frac{X_i - X_f}{1 + X_i} \right) \qquad (2.8)$$

L'énergie nécessaire (E_v *en* kJ/j) pour évaporer la masse d'eau moyenne ($\overline{M_{ev}}$ *en* kg/j) à éliminer du produit par jour est estimée par la relation (2.9). La chaleur latente de vaporisation de l'eau L_v prise égale à 2250 kJ/kg (Sharma *et al.*, 1995; Fournier & A.Guinebault, 1996; Berthomieu, 2004; Gbaha *et al.*, 2007) correspondant aux températures de fonctionnement. L'énergie de désorption est négligée.

$$E_V = \overline{M_{ev}} L_V \qquad (2.9)$$

➢ Efficacité

L'efficacité énergétique ε du séchoir est déterminée alors par la relation (2.10). Il ne qualifie pas que le séchoir mais le couple (séchoir, produit).

$$\varepsilon = E_v / E \qquad (2.10)$$

2.2.2.2.3 Coût et rentabilité du séchage

Sur le plan économique, les coûts ont été évalués à partir des données recueillies pour les (six) 6 séchoirs analysés. Le coût de la consommation énergétique journalière (C_{enrg} en f CFA/j) est donné par la somme du coût de consommation journalière du gaz et de l'électricité pour chaque séchoir à partir de la relation (2.11). Ces consommations sont calculées selon les durées d'utilisation du gaz Δt_g et de la ventilation Δt_{fan}.

$$C_{enrg} = P_g \, \dot{m}_g \, \Delta t_g + P_{elec} P_{fan} \Delta t_{fan} \qquad (2.11)$$

(P_{fan}) indique la puissance du ventilateur utilisé. Les prix du gaz (P_g) et du *kWh* électrique (P_{elec}) sont ceux en vigueur au Togo en 2010 soit respectivement 280 *f CFA/kg* et de 177 *f CFA/kWh*.

Le coût de séchage par jour (C_{sech} en *f CFA /j*) est calculé par la relation (2.12) à partir des coûts d'achat du séchoir (C_{inv} en *f CFA*), de maintenance annuel (C_{maint} en *f CFA/an*), de consommation énergétique journalière (C_{enrg} en *f CFA /j*), de la durée de vie du séchoir (Δt_{vie} en *année*) et du nombre moyen de jours d'utilisation par an ($N_{j/an}$) :

$$C_{sech} = \left(\frac{C_{inv} + C_{maint} \times \Delta t_{vie}}{\Delta t_{vie} \times N_{j/an}} \right) + C_{enrg} \qquad (2.12)$$

Le coût d'achat est fourni par les utilisateurs ou les fabricants. La durée de vie *(Δt_vie)* des séchoirs provient de la littérature (Mujumdar, 1995; Burgschweiger & Tsotsas, 2002; Sharma *et al.*, 2009), sauf pour le séchage sur bâche (donnée par les utilisateurs) et l'armoire directe (par le fabricant). Le coût annuel de la maintenance *(C_maint)* est évalué à partir des indications des utilisateurs sur les composants à réparer ou à remplacer au cours de la durée de vie du séchoir. Le nombre de jours moyen d'utilisation par an *($N_{j/an}$)* varie suivant les utilisateurs en fonction de leurs activités de séchage.

Le coût de séchage par jour *(C_{sech})* est rapporté à la masse d'eau moyenne évaporée du produit par jour *(m_{ev})* pour obtenir le coût du séchage par kg d'eau évaporée pour chaque séchoir.

Le chiffre d'affaire par jour *(CA_j en f CFA/j)* et la plus-value de l'activité de séchage par jour *(PV_j en f CFA/j)* sont évalués à partir du prix du kg du produit sec *(P_{PS})*, de la masse de produit sec obtenue par jour *(m_f)*, du prix de la matière première utilisée *(P_{MP})* et de la masse de matière première utilisée par jour *(m_{MP})*, respectivement par les relations (2.13) et (2.14). Les coûts de matière première et du produit sec sont recueillis sur les marchés.

$$CA_j = m_f P_{PS} \tag{2.13}$$

$$PV_j = CA_j - m_{MP} P_{MP} \tag{2.14}$$

Le temps de retour sur investissement ne pouvant être déterminé faute de données complètes sur l'ensemble des coûts et charges des unités de séchage, il est fait ressortir le coût relatif du séchage par rapport à la plus-value de l'activité *($C\%_{sech}$)*, donné par la relation (2.15).

$$C\%_{sech} = \frac{C_{sech}}{PV_j} \tag{2.15}$$

Une classification des six séchoirs est fournie en comparant leurs coûts d'achats rapportés au débit évaporatoire d'eau *($\dot{C}$ en f CFA.j/kg)* et les bénéfices (charges non comprises) rapportés au débit évaporatoire d'eau *($\dot{P}$ en f CFA/kg)*, exprimés respectivement par les relations (2.16) et (2.17).

$$\dot{C} = \frac{C_{inv}}{M_{ev}} \tag{2.16}$$

$$\dot{P} = \frac{PV_j - C_{sec\,h}}{\overline{\dot{M}_{ev}}}$$ (2.17)

2.3 Résultats et discussions

Les séchoirs rencontrés, les produits séchés et la typologie des utilisateurs des séchoirs sont présentés. Les caractéristiques de l'environnement, l'énergie utilisée, les caractéristiques du séchage et les coûts des séchoirs inventoriés sont également présentés et discutés. Enfin, une analyse thermo-économique de six (6) types de séchoirs est donnée.

2.3.1 Types de séchoirs inventoriés

Bien qu'il existe de très nombreuses variétés de technologies de séchoirs dans la littérature (Boroze *et al.*, 2008), la variété des technologies réellement utilisées sur le terrain est réduite (tableaux 2.4 – 2.7, Figure 2.3). Les séchoirs inventoriés sont regroupés en (dix) 10 types décrits dans les tableaux 2.4 à 2.7. Leurs données caractéristiques correspondantes sont indiquées dans les tableaux 2.8 et 2.9. Suivant les critères du tableau 2.1a, tous sont des séchoirs manuels à petite échelle alimentés par batch ou en semi-continue. Les produits séchés sont à l'état solide, disposés en couche mince de 1 cm à 3 cm. Ces types de séchoirs sont classifiés suivant les catégories de séchoirs décrites précédemment : séchage traditionnel au soleil, séchoir solaire direct, indirect, mixte, hybride et séchoir à gaz.

2.3.1.1 Séchage traditionnel au soleil

Les dispositifs traditionnels sont majoritaires à 70%. Le séchage se fait à même le sol, en bordures de routes goudronnées, sur des claies, des aires cimentées, des tables, etc. (tableau 2.4 ; 2.8 et 2.9). Des tissus, des claies surélevées sont utilisés dans certains cas pour protéger les produits des contaminations du sol et des animaux. Une situation typique est le séchage sur des sacs d'engrais.

Tableau 2.4 : Dispositifs de séchage traditionnels à l'air libre

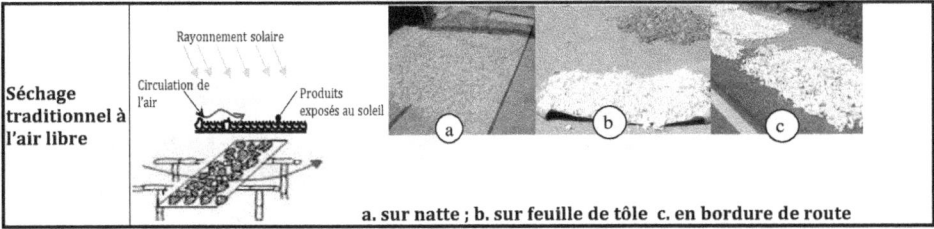

Séchage traditionnel à l'air libre			
	a	b	c

a. sur natte ; b. sur feuille de tôle c. en bordure de route

Tableau 2.5 : Séchoirs solaires directs inventoriés

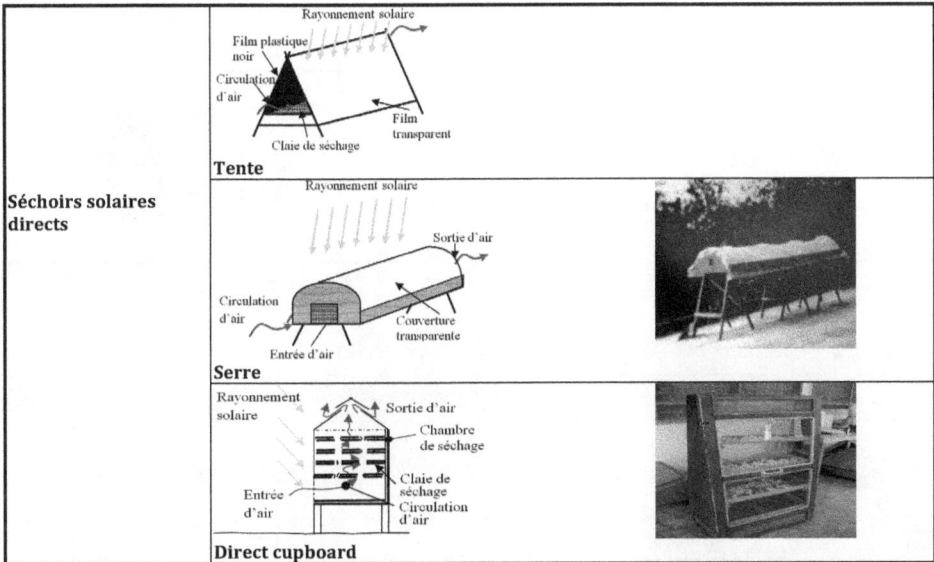

Séchoirs solaires directs	**Tente**	
	Serre	
	Direct cupboard	

Tableau 2.6 : Séchoirs solaires indirects et mixte inventoriés

Séchoirs solaires indirects	Coquillage Armoire indirecte
Séchoirs solaires mixtes	Chambre

Tableau 2.7 : Séchoirs hybrides et séchoirs à gaz inventoriés

Séchoir solaire mixte et hybride	Séchoirs à gaz	
Geho	Atesta	Maxicoq

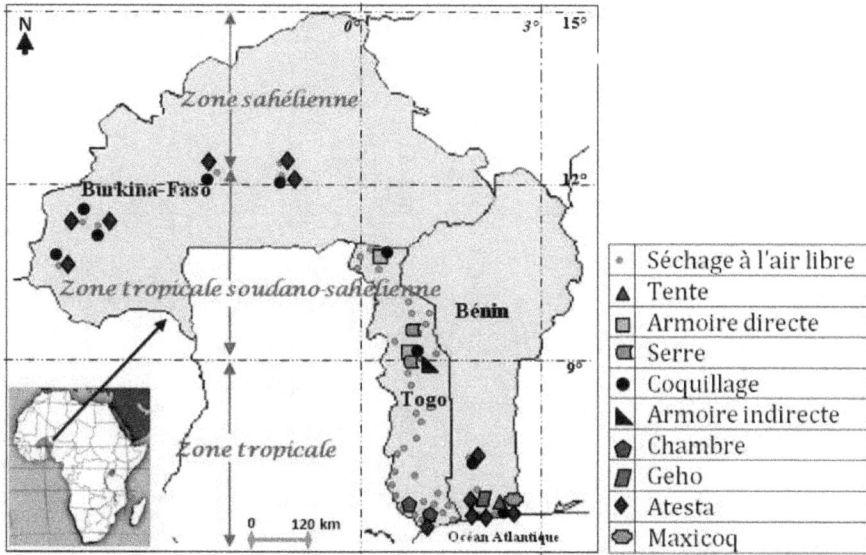

Figure 2.3: Répartition géographique des séchoirs inventoriés

Tableau 2.9 : Données de fonctionnement des séchoirs inventoriés

	Dispositifs de séchage à l'air libre	Armoire directe	Tente	Serre	Coquillage	Armoire indirecte	Chambre	Geho	Atesta	Maxicoq
Energie utilisée	solaire	solaire	solaire	solaire	solaire	solaire	solaire	solaire	gaz	gaz
Ventilation	naturelle	naturelle	naturelle	naturelle	naturelle	naturelle	naturelle	forcée	naturelle	naturelle
Disposition des claies	claies étendues	claies superposées	claies étendues	claies étendues	claies superposées	claies superposées	claies étendues	claies étendues	claies superposées	claies superposées
Flux d'air dans le séchoir	léchant	traversant	traversant	léchant	traversant	traversant	traversant	léchant	léchant	léchant
Mode d'opération	batch	batch	batch	batch	batch	batch	batch	batch	batch	batch
Mouvement des claies dans le séchoir	statique	statique	statique	statique	semi-continue	permutation de claies	statique	permutation de claies	permutation de claies	permutation de claies
Capacité des séchoirs (m_b en kg/cycle)	1 à 4000	5 à 10	5	20 à 30	5	30 à 40	2000	50 à 60	100 à 120	26
Nombre de claies	1	4	1	1	3	10	20	16	20	5
Surface d'une claie (m^2)		0.12 ; 0.16 ; 0.24 ; 0.40	3.35	3	0.15 ; 0.70 ; 0.70	0.5	1.6	0.71	0.84	0.84
Surface totale de claies (m_b en m^2)	1 à 625	0.92	3.35	3	1.55	5	32	11.36	16.8	4.2
Durée de vie (année)	1 à 20	5	3	5	10	5	20	10	10	10
Principaux matériaux	natte, feuille de tôle, table, bordures de route	bois, verre	bois, film plastique en polyéthylène	bois, film plastique en polyéthylène	feuille de tôle, barre, métallique, filet en plastique	bois, tôle métallique, verre	maçonnerie, verre, bois	tôle et barre métallique, plexiglass	maçonnerie, bois, tôle métallique	tôle et barre métallique, bois
Coût du séchoir (f CFA/m^2 de claie)	0 to 7.63	82.97	9.11	66.16	73.87	45.80	238.55	107.52	181.75	178.57

Tableau 2.8 : Caractéristiques des séchoirs inventoriés

	Dispositifs de séchage à l'air libre	Armoire directe	Tente	Serre	Coquillage	Armoire indirecte	Chambre	Geho	Atesta	Maxicoq
Energie	Exposition solaire directe surface variable	2 m² d'exposition solaire directe.	2,08 m² d'exposition solaire directe.	4 m² d'exposition solaire directe	1 m² d'exposition solaire indirecte	2 m² d'exposition solaire indirecte	49 m² d'exposition solaire indirecte	2,6 m² d'exposition solaire directe + gaz	0,5kg/h de gaz	0,5kg/h de gaz
Produits séchés	C : maïs, sorgho, mil, sésame T : manioc L : gombo, piment	L : oignon, choux, tomate, piment, gombo —	L : oignon, piment, gombo	L : oignon, choux, tomate, piment, gombo, gingembre F : noix de coco,	L : oignon, choux, tomate, piment, gombo, F : papaye, mangue, banane	L : oignon, choux, tomate, piment, gombo, gingembre F : noix de coco	C : riz T : manioc	C : maïs, mil, T : manioc, igname	F : Mangue, ananas, papaye, banane	T : Manioc, igname F : mangue
Forme de présentation des produits	graine, tranche, pièce	feuilles, tranche, pièce	tranche, pièce	feuilles, tranche, pièce, dés	feuilles, tranche, pièce	feuilles, tranche, pièce	graine, pièce	grain, pièce	tranche	tranche, pièce
Débouchés	Consommation, marché local	Consommation, marché local	Marché local	Marché local	Marché local	Marché local	Marché local, export pour les céréales	Marché local	Export et marché local	Export et marché local
Durée d'un cycle de séchage	Quelques jours	1 à 3 jours	2 à 3 jours	1 à 3 jours	2 à 3 jours	2 à 3 jours	3 jours (céréales)	1 à 2 jours	1 jour	12 h
Température maximale de l'air de séchage (°C)	Température ambiante (28 à 35)	50	45	50	50	55	70	80	80 à 90	80 à 90
Coût de fonctionnement (10³f CFA/an)	0 à 1	0,5 à 2	1	5	3,5	6	10	637	1 223	318
Zone climatique	Toutes les zones	Soudano-sahélienne	Soudano-sahélienne	Soudano-sahélienne	Soudano-sahélienne et sahélienne	Soudano-sahélienne	Tropicale humide	Tropicale humide	Toutes les zones	Tropicale humide

Légende du tableau 2.4 : (C: céréale; T: tubercule; L: légume; F: fruit)

2.3.1.2 Séchoirs solaires directs

Trois types de séchoirs solaires directs ont été répertoriés: le séchoir tente, le séchoir armoire direct et le séchoir type (tableaux 2.5, 2.8 et 2.9). Ils ont tous une structure en bois. La tente et la serre sont recouvertes d'un film plastique en polyéthylène et l'armoire indirecte d'une plaque en verre. Leurs capacités inférieures à celles du séchage traditionnel sont comprises entre 5 à 20 kg (Boroze *et al.*, 2008).

2.3.1.3 Séchoirs solaires indirects

Deux types de séchoirs solaires indirects ont été recensés (tableaux 2.6, 2.8 et 2.9): le séchoir coquillage et le séchoir armoire indirect (Ekechukwu & Norton, 1999; Sharma *et al.*, 2009). Leur nombre est faible en comparaison du nombre élevé de publications scientifiques sur ce type de séchoir dans la littérature (Fournier & Guinebault, 1995). Le séchoir coquillage a des dimensions standards et est constitué de deux cônes en métal peint en noir relié par une charnière. Il comporte également une cheminée au sommet du cône supérieur (Tiguert, 1983). Tous les fabricants de ce type de séchoir sont formés durant le processus de diffusion du séchoir. Le séchoir armoire indirect est proche du model M5 003 (Tiguert, 1983). Il a une charpente en bois, recouverte de tôle métallique en noir avec une isolation en kapok. Il est muni d'un capteur plan vitré et d'une cheminée. Le séchoir armoire indirect est un modèle proche du M5 003 (Boroze *et al.*, 2008).

2.3.1.4 Séchoirs solaires mixtes et hybrides

Deux types de séchoirs solaires mixtes sont répertoriés : le séchoir chambre et le séchoir Geho (tableaux 2.7, 2.8 et 2.9). Le séchoir chambre est construit en maçonnerie avec deux capteurs plans vitrés, l'un du côté sud et l'autre du côté nord. L'absorbeur constitué de galets de pierres peints en noir permet également de stocker l'énergie (Amouzou *et al.*, 1986). Le stockage de l'énergie permet un séchage pendant le jour et la nuit et aussi par temps nuageux. La circulation de l'air dans le séchoir est améliorée par trois cheminées (Ducept *et al.*, 2002; Prachayawarakorn *et al.*, 2006). Le séchoir chambre est utilisé essentiellement pour le séchage du riz.

Le séchoir Geho, est aussi un séchoir hybride issu d'une adaptation du séchoir tunnel hohenheim, avec en plus un bruleur à gaz (Anon, 2005; Anon, 2008). Il est à convection forcée. Le Geho est utilisé pour le séchage de pâtes alimentaires à base de céréales et de tubercules.

2.3.1.5 Séchoirs à gaz

Deux (2) types des séchoirs rencontrés utilisent le gaz. Il s'agit du séchoir Atesta utilisé au Togo, au Benin et au Burkina-Faso (Rozis, 1995; Nout *et al.*, 2003; Sharma *et al.*, 2009; Fudholi *et al.*, 2010) et du séchoir Maxicoq rencontré au Benin et au Burkina-Faso (tableaux 2.6, 2.7 et 2.8). Le séchoir Atesta est réalisé en bois avec une base en ciment. Le séchoir Maxicoq est construit en tôle métallique avec une isolation en bois. Ces séchoirs sont conçus par les ONG CEAS et Songhaï respectivement.

2.3.2 Produits séchés

2.3.2.1 Types de produits séchés

Le tableau 2.10 présente les différents produits séchés et leurs caractéristiques: Les teneurs en eau initiales, finales en base sèche et les températures maximales auxquelles les produits peuvent être séchés (Anon, 2004). Les produits sont classés en céréales, tubercules, légumes et fruits selon la classification utilisée par la FAO (El-Aouar *et al.*, 2003; Desmorieux & Hernández, 2004). La cyanobactérie *Spiruline* est identifiée ici comme étant une légume de par sa teneur en eau très élevée (X_i=3-5kg/kg). La teneur en eau initiale des produits séchés varie de 30% pour les céréales (maïs, mil, riz, etc.) à 1900% pour la tomate. La teneur en sucre varie de 0 à 27% pour la banane. Les différents composants des produits entraînent des comportements variés des produits au cours du processus de séchage : le brunissement enzymatique ou non, le croûtage et la décoloration. Ils peuvent provenir de l'exposition au rayonnement, à la chaleur, etc. Les épaisseurs données dans le tableau 2.10 indiquent la hauteur moyenne de la couche de produit.

Tableau 2.10 : Caractéristiques des produits séchés

Produits séchés	Teneur en eau initiale X_i (base sèche, %)	Teneur en eau finale X_f (base sèche, %)	Teneur en Sucre (g/100g) (Mujumdar, 1995; Bimbenet, 2002; Anon, 2005)	Température maximale de séchage (°C) (Krokida *et al.*, 2003; Bulent Koc *et al.*, 2007)	Forme	Diamètre	Épaisseur
Céréales							
maïs	32 - 54%	14 - 18%	3.64	60	graines	-	3 - 7.5
riz	32%	12%	0.13	50	graines	-	< 2.5
sorgho, mil	27%	16%		60	graines	-	1.5 - 6.5
Tubercules							
igname	233 - 400%	11 – 16%	5.8 – 7.2	65	tranches		4 - 7.5
manioc	163 - 233%	11 – 20%	3.9	65	tranches		4 - 7
Fruits							
ananas	400 - 567%	14 - 11%	6.4 - 14	65	tranches		3 - 7
banane	257 - 400%	14 - 18%	14.8 - 27	70	tranches	3 - 3.5	0.5 - 4
mangue	400%	14 - 19%	13 - 16	70	tranches	0.5 - 1.5	
papaye	400%	14 - 19%	7.6 – 7.8	70	tranches		
Légumes							
choux	400%	5%	2.8 - 3	60 - 65	tranches		
carotte	233%	5%	6.7	75	tranches	2.5	2
tomate	1900%	8%	2.8 - 3.5	50 - 60	tranches		
piment, poivron	245 - 567%	5 - 15%	2.2 – 4.7	70	tranches, pièce	1.5 - 4	2 - 5
oignon, ail	400 - 565%	4%	7.10 - 8.2	55	tranches	3 - 7.5	
haricot vert	233%	5%	2. 6 – 4.6	75	tranches, pièces	4.5 - 7	0.4 - 0.7
gombo	400 - 669%	12 - 18%	5.5	66	tranches, pièce	2.5 - 4	3 - 4.5
gingembre	400%	11%	9.8	60	tranches, pièces	-	
légumes feuilles	400%	11%	-	60	feuilles	-	< 4
spiruline (micro-algue)	400%	9%	-	40-60	fibre	-	

2.3.2.2 La charge surfacique du produit en eau

Lors de l'enquête, nous avons constaté qu'en séchage solaire direct, sont transformés principalement des produits à teneur en eau initiale faible (céréales, légumineuses) et des légumes feuilles (Nout *et al.*, 2003). Cette spécificité peut être attribuée à une charge surfacique en eau faible. Elle ne peut être obtenue avec les autres produits qu'en les parant en pièces très fines (formats non-traditionnels). La combinaison d'une charge surfacique en eau faible avec l'énergie solaire peu concentrée permet la teneur en eau après la première journée de séchage d'être assez faible et limite ainsi les dégradations. La sensibilité des opérateurs à la perte de produit est importante quel que soit le type de séchoir.

Les fruits (exemple de l'ananas et de la mangue) et la Spiruline doivent être séchés rapidement en début du fait de leur teneur en eau et en carbohydrate très élevée (Boroze *et al.*, 2008). Il est nécessaire de réduire l'activité de l'eau des produits en dessous de 0,9 en quelques heures ou le premier jour de séchage en fonction des produits. Ce temps coïncide avec le temps critique qui marque la transition entre la phase 1 et la phase 2 du séchage. Ce temps n'est souvent pas facilement identifiable. Les sécheurs se fient à leur expérience pour le déterminer.

2.3.3 Types d'utilisateurs de séchoirs

Parmi les cent quarante (140) structures de séchage visitées dans les trois (3) pays, les utilisateurs peuvent être classés en trois catégories (tableau 2.11) (Rivier *et al.*, 2009).

- Familles,
- Groupements,
- Petites et Moyennes Entreprises (PME).

Les familles pratiquent le séchage en vue de la conservation et la consommation directe des produits séchés. Pour les groupements et les PME, le fait d'être une structure organisée reconnue permet d'obtenir des aides financières et techniques de la part d'ONG ou d'organisations gouvernementales. Dans toutes les PME visitées, le séchage constitue leur activité principale. La répartition de la population enquêtée pour le cas du Togo est présentée sur la figure 2.4.

Tableau 2.11 : Typologie des utilisateurs de séchoirs

Utilisateurs	Type de séchoir utilisé	Types de produits	Quantités séchées (kg de produit humide par cycle)	But du séchage (débouchés)	Capacité d'investis-sement (f CFA /séchoir)	Niveau d'organisation
Familles	séchage traditionnel à l'air libre	céréales	500 à 2000	- Consom-mation directe, - Marché local	15 000	- Pas de connaissance ni expérience requis - Contrôle ponctuel au cours du séchage
		tubercules	100 à 500			
		légumes	1 à 10			
Artisans : Groupements	séchage traditionnel à l'air libre	céréales *(par les agricultures)*	1000 et plus	- Marché local	50 000	- Pas de connaissance ni expérience requise mais une formation de la main d'œuvre - Contrôle périodique du séchage
		tubercules *(par les agricultures)*	500 et plus			
	tente, coquillage, armoire directe et indirecte	fruits, légumes *(par les maraichers et les femmes)*	entre 50 et 100			
Petites et moyennes Entreprises	chambre	céréales	plus de 1000	- Exportation, - marché local	2000000	- Niveau élémentaire - (savoir lire un thermomètre) avec une formation de la main d'œuvre. - Contrôle régulier du séchage
	Geho, Maxicoq	tubercules	25 à 100			
	Atesta, Maxicoq	fruits	25 à 100			

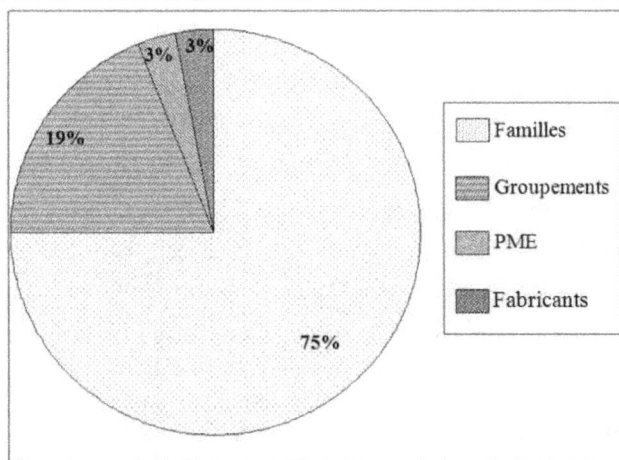

Figure 2.4 : Répartition de la population enquêtée au Togo

2.3.3.1 Les familles

Dans les familles, le séchage se fait pour la consommation, la conservation et dans quelques cas pour la vente. Dans cette catégorie, on retrouve les agriculteurs dans les milieux ruraux, les ménages urbains et ruraux et aussi les commerçants. Tous les produits sont séchés (céréales, tubercules, légumes) excepté les fruits. La main d'œuvre employée se limite aux membres de la famille. Les actions consistent en l'étalage des produits en couches minces de 1 à 3 cm, en une surveillance permanente contre les animaux et en cas de pluie et au brassage régulier des produits pour uniformiser le séchage.

2.3.3.2 Les groupements

Trois types de groupements ont été rencontrés: celui des agriculteurs, des femmes et des maraîchers.

- les groupements des agriculteurs sont constitués d'agriculteurs exploitants des champs en commun en vue de la commercialisation des produits de récolte. Les produits sont séchés traditionnellement sur des aires de séchage en terre ou en

69

ciment. Il s'agit essentiellement de céréales et de tubercules qui sont ensuite stockés et vendus.

- les groupements de femmes pratiquent le séchage comme une activité génératrice de revenus. Les fruits et légumes à forte valeur ajoutée y sont séchés dans des séchoirs coquillage, armoire directe et serre.

- les groupements de maraîchers sèchent essentiellement leur surproduction n'ayant pas pu être vendue à frais, pour éviter la perte des produits qui sont fortement périssables. Ils sèchent avec des séchoirs coquillage et armoire indirects. Les produits séchés sont ensuite vendus.

Les groupements sont souvent aidés par des ONG pour l'amélioration de leurs activités en ce qui concerne : l'hygiène, les prétraitements, la conduite des séchoirs, le conditionnement des produits secs et la gestion financière.

2.3.3.3 Les Petites et Moyennes Entreprises (PME)

Des ONG font la promotion du séchage comme une activité économique rentable pour l'exportation ou pour des marchés locaux. Dans ce cadre, des PME se constituent et sèchent avec les séchoirs Atesta, Maxicoq ou Geho. Ce sont les fruits, les légumes, les céréales et les tubercules pour le marché local comme pour l'exportation qui y sont séchés.

Initialement, la main d'œuvre est formée sur les équipements de démonstration de ces ONG et par elles. Les équipements, souvent un unique modèle, sont fabriqués et installés par des artisans habilités par les ONG. Les unités s'équipent d'abord d'un ou de quelques séchoirs. Pour augmenter leur capacité de production, elles augmentent le nombre de séchoirs.

Les conducteurs de séchoirs ont pour charge le préchauffage des séchoirs, le plan de charge entre les équipements, la permutation des claies, la modulation des conditions de séchage et le retrait des claies en fin de séchage. D'après les chefs d'entreprises rencontrés, la conduite des séchoirs est un poste clef, nécessitant l'intelligence, la rigueur et l'attention. Pour tous les autres postes, seulement une hygiène rigoureuse est requise.

2.3.3.4 Choix de séchoir par les utilisateurs

Le choix des séchoirs utilisés par les différents utilisateurs semble avoir été conduit par des facteurs différents des critères présentés dans les tableaux 2.1 et 2.2. Suivant la figure 2.3, seuls les dispositifs traditionnels d'exposition directe au soleil, le séchoir coquillage et le séchoir Atesta se trouvent dans toutes les zones enquêtées. Les autres types de séchoirs sont présents seulement dans des périmètres très limités. Les échanges non-directifs avec les utilisateurs ont fourni les explications suivantes.

Les séchoirs Coquillage et Atesta ont fait l'objet de campagnes de diffusion longues et de grande ampleur, atteignant les lieux enquêtés. Ces actions ont été initiées en Europe par les ONG GERES, France pour le séchoir coquillage et CEAS, Suisse pour le séchoir à gaz (2010). Elles ont été prolongées d'abord au Burkina Faso respectivement par les ONG ABAC et Atesta. Celles-ci ont ensuite développé la diffusion dans la sous-région, et notamment au Bénin et au Togo. Dans ce dernier pays, l'ONG Rafia a fait don de séchoirs coquillage achetés au Burkina Faso au prix de 75000 f CFA/pièce et de séchoirs armoires à 50000 f CFA/pièce à des groupements de femmes. Au Bénin, le gouvernement a financé l'équipement en séchoirs Atesta de 35 groupements et PME sur l'ensemble du territoire.

Pour les autres types de séchoirs rencontrés seulement dans des périmètres réduits, il s'avère que leur présence est issue de l'action de promoteurs locaux. Au Togo, le séchoir serre est utilisé par des groupements situés à proximité du fabricant qui en fait la promotion auprès d'utilisateurs potentiels et d'ONG. Au Bénin, c'est le Centre Songhaï qui est à l'origine des séchoirs Geho et Maxicoq, dans le cadre de projets. Edoun *et al.* (Chua & Chou, 2003), indiquent qu'au Sud Cameroun, les choix des utilisateurs sont plus portés à 42% vers des séchoirs qu'ils auraient vu fonctionner et à 34% dirigés par la source d'énergie du séchoir. Ces pourcentages montrent que la promotion et la formation faites sur des modèles de séchoirs entraînent une forte diffusion de ces modèles.

2.3.4 Caractérisations de l'environnement

La majorité des acteurs se montre convaincue que son lieu d'activité est le plus adapté. Les avantages cités par les ruraux sont la proximité de l'approvisionnement et le faible coût de la main d'œuvre. Les acteurs urbains s'estiment proches du marché final, pouvant disposer de matières premières variées et ayant accès à une main d'œuvre plus importante et d'un meilleur niveau.

Sur le plan équipement, les sécheurs situés en zone urbaine disposent pour leur activité de surface au sol limitée, fortement exploitée. Cela réduit les possibilités d'utilisation de l'énergie solaire, les seules grandes surfaces libres étant les toitures. Ainsi, en ville se trouvent des séchoirs solaires de faible capacité et, pour les capacités importantes, uniquement des séchoirs à gaz. Ceux-ci sont d'autant plus adaptés qu'ils sont compacts, leurs claies étant superposées.

Les séchoirs utilisés sur le terrain sont tous réalisés avec des matériaux locaux (tableau 2.8). Sur les dispositifs traditionnels, les matériaux sont accessibles dans les mêmes localités et presque sans frais (sol damé, table, bâche). Pour les autres séchoirs solaires, les matériaux utilisés (bois, tôles métalliques, barres de fer, film plastique en polyéthylène) sont disponibles dans presque toutes les villes et reviennent moins chers. Leur utilisation permet de fabriquer des séchoirs à coût réduit et rassure les utilisateurs quant à la maintenance (Lutz *et al.*, 1987; Thanvi & Pande, 1987). Pour un rendement plus important, les matériaux comme le verre et les ventilateurs ne sont disponibles que dans les grands centres urbains avec des coûts relativement élevés par rapport aux autres matériaux. Ce qui conduit à un coût plus élevé des séchoirs fabriqués avec ces matériaux en comparaison aux séchoirs utilisant un film plastique ou une convection naturelle (tableau 2.8) (Edoun *et al.*, 2010).

2.3.5 Energies utilisées

2.3.5.1 Types d'énergies

Deux sources d'énergie sont largement utilisées : l'énergie solaire et le gaz domestique. L'utilisation de la biomasse pour le séchage n'a pas été remarquée. C'est une pratique relevée par (Thanvi & Pande, 1987) au Sud Cameroun qui est une zone fortement boisée. Suivant les formes d'énergies utilisées, on peut regrouper les séchoirs inventoriés en trois catégories :

- les séchoirs utilisant uniquement l'énergie solaire (7 types séchoirs sur 10);
- les séchoirs utilisant uniquement le gaz, (2 types séchoirs sur 10),
- un type de séchoir utilisant à la fois le solaire et le gaz.

2.3.5.2 Disponibilité, coût et constance de l'énergie

La disponibilité et le coût de l'énergie sont des contraintes à prendre en compte dans le choix ou dans la conception de séchoirs. De même, la constance de la chaleur fournie au séchoir conditionne la qualité du produit sec et donc l'efficacité du séchoir.

- L'énergie solaire bien qu'étant presque gratuite, sa variabilité et son irrégularité ne permettent pas d'obtenir, sur des produits à forte teneur en eau par exemple, une très bonne qualité. Ainsi l'utilisation de l'énergie solaire est constatée pour le séchage de tous les types de produit, sauf pour les fruits destinés à l'exportation (tableau 2.9). Les valeurs moyennes journalières d'ensoleillement mesurées au Togo sont de : 15883.2 kJ/m².j pour Lomé sur le 6ème degré de latitude Nord, 17078.4 kJ/m².j pour Atakpamé sur la latitude 7°53' Nord et 19040.4 kJ/m².j pour Mango sur le 10°27' de latitude Nord.
- Le gaz domestique permet d'avoir de fortes puissances pour un "faible" investissement. Pour les utilisateurs qui achètent leurs matières premières comme dans le cas des PME, opter pour des séchoirs à gaz c'est éviter d'obtenir des produits de faible qualité ou même de perdre des produits, ce qui réduirait de façon drastique leur bénéfice. Dans les trois pays visités, le gaz domestique

est subventionné dans le cadre de la lute contre la désertification. Toutefois, son approvisionnement est irrégulier.

- Les séchoirs hybrides utilisent les deux formes d'énergie (solaire et non solaire) et rassemblent théoriquement leurs avantages: l'utilisation du gaz intervient pour compenser ou substituer l'énergie solaire quand celle-ci est insuffisante ou indisponible pour le séchage. Une PME au Bénin pour la production de pâtes alimentaires, utilise le séchoir Geho avec du gaz sauf en période de fort rayonnement solaire.

Selon la disponibilité énergétique, l'enquête montre que les séchoirs solaires sont plus nombreux dans les régions au nord (figure 2.3) où le climat chaud et sec est plus favorable (Amouzou *et al.*, 1986). Dans les zones du littoral où règne un climat tropical humide (figure 2.1), les PME utilisent essentiellement des séchoirs à gaz (Atesta, Maxicoq et Geho) (figure 2.3). On note cependant la présence d'aires cimentées 25 x 25 m^2 dans la vallée du Zio, (Togo) introduites par des asiatiques pour la culture du riz. Un séchoir chambre est aussi présent disposant d'une grande surface de captation (49 m^2) par rapport à sa surface de claies (32 m^2) et les produits séchés, essentiellement du riz, se dégradent peu lors du séchage sur plusieurs jours (El-Aouar *et al.*, 2003; Talla *et al.*, 2004; Karim & Hawlader, 2005).

2.3.5.3 Énergie pour la ventilation

La convection forcée permet d'accroître la vitesse de séchage en début de séchage des produits à forte teneur en eau (Ekechukwu & Norton, 1999; SIE, 2008), d'améliorer l'homogénéité entre les produits et de réaliser des économies d'énergie par recirculation d'une partie de l'air. Bien que quasiment tous les séchoirs des pays développés en soient équipés, parmi ceux recensés dans notre enquête, seul le séchoir Geho l'utilise (tableau 2.8). Quatre ventilateurs sont alimentés par une batterie de voiture chargée en ville. Sur le séchoir serre, elle est en option et alimentée par un module photovoltaïque de 2,5W.

La quasi-absence de réseau électrique dans les milieux ruraux (Anon, 2005) et la grande irrégularité de fourniture là où il y en a, contraignent les utilisateurs à être autonomes. Cela nécessite des investissements importants avec le coût très élevé de l'électricité. De plus, en cas d'arrêt de la ventilation (dû aux fréquents arrêts du réseau d'électricité), si le chauffage au gaz se poursuit, des risques d'incendie sont craints (Lawand, 1977; Ekechukwu & Norton, 1999; Chandak *et al.*, 2009).

Nous n'avons pas rencontré de séchoirs à turbo-ventilation utilisant la vitesse du vent pour accroitre l'extraction de l'air du séchoir (Jannot & Coulibaly, 1998).

2.3.6 Caractéristiques du séchage

2.3.6.1 Mode opératoire des séchoirs

En séchage traditionnel au soleil, une agitation manuelle est faite suivant une fréquence dépendant du type de produit à sécher et de l'ensoleillement. Ces interventions de l'utilisateur au cours du séchage permettent un séchage homogène du produit. Pour tous les séchoirs inventoriés, les produits sont statiques dans les séchoirs (tableau 2.8). Dans la plupart des cas, les opérateurs interviennent pour charger et décharger le séchoir. Pour les séchages durant plus d'une journée, seul le séchoir coquillage prévoit un fonctionnement s'approchant du semi-continu : les produits entrant en fin de séchage sont placés sur une claie de finition et de nouveaux produits sont chargés dans le séchoir à la place des précédents (2008). Dans le séchoir Atesta et Geho, afin d'éviter le brunissement des produits et permettre un séchage homogène, les claies sont régulièrement permutées durant le séchage. L'alimentation du séchoir en continue implique un apport supplémentaire d'énergie dont la technologie et le coût supplémentaire généré sont trop importants en comparaison de la taille des unités visitées. Desmorieux *et al.* (Talla *et al.*, 2004) ont proposé suivant la demande d'un utilisateur, un séchoir semi-continu à gaz d'une capacité de 500 kg avec un débit de 21kg/h de mangues fraîches. Toutefois, le coût élevé du séchoir n'a pas permis sa réalisation.

2.3.6.2 Température de l'air de séchage

Il est bien connu qu'une température élevée de l'air de séchage entraîne une plus grande vitesse de séchage (Bimbenet, 2002). Tous les séchoirs recensés opèrent à basse température selon la classification du tableau 2.1 (en dessous de 100°C). Selon leurs températures d'opération, on peut classer les séchoirs en 2 catégories.

- Les séchoirs solaires : la température de l'air varie entre 45°C et 55°C avec des maxima de 70°C (tableau 2.9). Les plus hautes températures sont atteintes dans les régions ayant un fort ensoleillement, et avec des séchoirs munis d'une bonne isolation (cas de l'armoire indirect) et d'une grande surface de capteur (cas du séchoir chambre : 1,5 m^2 de capteur par m^2 de claie).

- Les séchoirs à gaz ou hybrides : les températures sont de l'ordre de 80°C (tableau 2.9) et parfois plus. Les températures d'opération sont généralement plus élevées que celles indiquées dans la littérature pour les produits. Elles permettent d'avoir des vitesses de séchage élevées jusqu'au changement de la texture du produit sans affecter la qualité du produit (Desmorieux & Hernández, 2004). Cette conduite du séchage est pratiquée durant la première phase du séchage où la surface du produit, permanemment saturée d'eau est à la température humide de l'air de séchage. Dans les zones humides enquêtées, l'air peut être à 35°C avec 95% d'humidité. Chauffé à 80°C, son humidité relative passe à 11,5% et sa température humide n'est que de 40°C. Cette température est bien inférieure aux températures limites de produits indiquées dans le tableau 2.10. C'est le procédé utilisé pour l'ananas et la mangue qui sont séchés à 80°C et la Spiruline à 60°C en début de séchage. Les températures de séchage des produits varient en fonction des objectifs du séchage, car si les hautes températures permettent de réduire le temps de séchage, elles affectent également la qualité nutritionnelle des produits. Le séchage par exemple de la spiruline à 60°C entraîne une perte de 30% des protéines contre à 20% à 40°C (2009).

2.3.6.3 Débits de séchage

Le débit de produit séché dans un séchoir est une donnée utile pour les entrepreneurs et pour ceux qui les conseillent. Les éléments conditionnant le débit de produits séchés, outre la surface de claies, sont en séchage solaire la surface de captation et son rendement et pour les séchoirs à gaz, le débit de gaz consommé. Les débits de séchage tels que définis au paragraphe 2.3 pour les différents séchoirs sont inscrits dans le tableau 2.12. Le débit de produit $\dot{m}$ croit des séchoirs solaires aux séchoirs hybrides et à gaz excepté le séchoir chambre (tableau 2.12). Cela est confirmé par Janjai *et al.* (2006) qui ont séché 100 kg de bananes en quatre (4) jours dans un séchoir type serre de 40,4 m², ventilé utilisant un module photovoltaïque, contre six (6) jours à l'air libre.

En rapportant les débits aux surfaces de claies $\dot{m}_t$ ou de capteurs $\dot{m}_s$, il ressort que:

- pour le séchage solaire à l'air libre, le débit moyen de séchage des produits ($\dot{m}_t$ et $\dot{m}_s$) varie de 1,5 kg/h.m² à 4,2 kg/h.m² (tableau 2.12). La surface d'exposition au soleil étant la même que la surface de produit. Pour les séchoirs tente, armoire direct, coquillage et Geho, le débit de séchage $\dot{m}_t$ par m² de claie est similaire au débit de séchage $\dot{m}_s$ par m² de surface de capteur projetée perpendiculairement aux rayons solaires (tableau 2.12). Toutefois, pour le séchoir armoire indirect, les débits de produit séché $\dot{m}_t$ par m² de claie (1,3 kg/h.m² à 2 kg/h.m²) sont inférieurs à celui calculé par m² de surface de capteur projetée perpendiculairement aux rayons solaires $\dot{m}_s$ de 4,2 kg/h.m² à 6,3 kg/h.m² (tableau 2.12). Le constat inverse est fait sur le séchoir chambre pour lequel le débit de séchage $\dot{m}_t$ par m² de claie (31,3 kg/h.m² à 15,6 kg/h.m²) est plus élevé que celui par m² de surface projetée. $\dot{m}_s$ de 6,3 kg/h.m² à 12,6 kg/h.m² (tableau 2.12). Il apparaît que le séchoir armoire indirect est sous dimensionné alors que le séchoir chambre est sur dimensionné.

- Pour les séchoirs à gaz, Atesta et Maxicoq ont presque les mêmes débits de gaz (12,5 kg/j). Le débit de produit séché avec le séchoir Atesta est le double de celui du Maxicoq.

Tableau 2.12: Débit de séchage et coût d'investissement des séchoirs inventoriés

		Séchage à l'air libre (ex: Bach)	Armoire directe	Tente	Serre	coquillage	Armoire indirecte	Chambre	Geho	Atesta	Maxicoq
Débit de produit m (kg/j)	Max	16,7	5,0	2,5	10,0	10,0	2,5	1000,0	60,0	100,0	52,0
	Min	-	1,7	1,7	6,7	6,7	1,7	667,0	30,0	120,0	
Débit de produit m_l ($kg/j. m^2$)	Max	4,2	5,4	0,7	3,3	1,6	2,0	31,3	5,3	-	-
	Min	1,5	1,8	0,5	2,2	1,1	1,3	15,6	2,6	-	-
Débit de produit m_s ($kg/j. m^2$)	Max	4,2	5,5	1,0	3,4	2,8	6,3	12,6	4,2	-	-
	Min	2,5	1,8	0,7	2,2	1,9	4,2	6,3	2,1	-	-
Coût par rapport au débit C_{inv} (f $CFA.j/kg$)	Moy	328	19978	10022	16244	37532	18733	7533	19978	18340	9432

2.3.6.4 Coûts de séchage

Le coût de séchage dépend du type de technologie de séchoir utilisé, du débit évaporatoire du séchoir, de la capacité d'investissement des utilisateurs et du débouché des produits secs.

Tous les séchoirs ont leur coût compris entre celui des dispositifs de séchage à l'air libre, dont les coûts parfois nuls peuvent atteindre $5000\ f\ CFA/m^2$ de surface de claie et celui du séchoir chambre qui est le plus cher ($119000\ f\ CFA/m^2$) (tableau 2.8). En rapportant les coûts d'investissement à la surface de claies indiquant la capacité du séchoir, trois types de séchoirs se distinguent:

- Les dispositifs de séchage à l'air libre : commun et presque sans coût d'investissement, son coût de fonctionnement reste inférieur à 1000 f CFA/an (tableau 2.8).
- Les séchoirs solaires : ils ont un coût d'investissement compris entre 5960 f CFA/m^2 et 54420 f CFA/m^2, sauf pour le séchoir chambre dont le coût est de 156,48 $f CFA/m^2$. Leurs coûts de fonctionnement varient entre 500 f CFA/an et 10000 $f CFA/an$.
- Les séchoirs à gaz et les séchoirs hybrides : ils ont un coup d'investissement entre 70420 $f CFA/m^2$ et 119220 $f CFA/m^2$. Le coût d'énergie conduit à un coût de séchage plus élevé allant de 318 000 f CFA/an à 1 224 870 $f CFA/an$.

La comparaison du coût d'investissement des différents séchoirs rapporté au débit de produit séché C_{inv} conduit à une classification différente. Les valeurs moyennes sont définies à partir des données du paragraphe 3.6.3 (tableau 2.12).

Le séchage à l'air libre demeure le moins cher, avec un coût d'investissement par rapport au débit de produit sec ($\dot{C}_{inv}$) inférieur à 650 f CFA.j /m^2 kg. Le coût d'investissement rapporté au débit de produit séché du séchoir chambre et Maxicoq ($\dot{C}_{inv}$) est à présent peu différent de celui du séchoir tente : entre 6550 f CFA.j/kg et 10160 f CFA.j/kg (tableau 2.12). De même, les séchoirs armoire direct et indirect et le séchoir serre ont des coûts d'investissement rapportés au débit de produit séché ($\dot{C}_{inv}$) peu différent de celui du Geho et de l'Atesta. Ces coûts sont compris entre 13100 f CFA.j/kg et 2000 f CFA.j/kg (tableau 2.12). Dans cette classification, c'est le séchoir coquillage qui a le coût le plus élevé. Cela montre que le taux d'investissement réalisé sur le séchoir coquillage bien que faible (par rapport à l'Atesta par exemple) est trop élevé par rapport au rendement du séchoir.

2.3.7 Classification des critères étudiés

Plusieurs critères permettent de caractériser l'activité de séchage. Ils sont à prendre en compte dans le choix et aussi dans la conception de séchoirs. Parmi ces critères, les plus pertinents sont ceux relatifs : au produit, au débouché, et à la capacité d'investissement. Après ces critères, on peut citer la disponibilité locale de l'énergie, le débit de produit séché et les critères techniques et de fonctionnement du séchoir.

Yacoub (Nout *et al.*, 2003) sur l'exemple du séchage de la *Spiruline* au Tchad, a montré que la conception d'un séchoir adapté dépend entièrement du produit à sécher et du débouché prévu. L'impact de ces deux critères est si important qu'un produit peut être considéré comme étant un nouveau produit pour un autre débouché.

En plus des critères de la littérature (tableau 2.2), d'autres nouveaux critères sont donc pris en compte. Dans l'analyse fonctionnelle pour la conception de séchoir (cf chapitre 3), de nouveaux milieux extérieurs doivent être considérés. Les tableaux 2.13 a et b présentent une classification des critères et des séchoirs inventoriés.

Tableau 2.13a : Classification des séchoirs inventoriés et des critères étudiés

Famille de critères	Critères principaux	Critères caracteristiques	Séchage à l'air libre	Armoire directe	Tente	Serre	Coquillage	Armoire indirecte	Chambre	Geho	Maxicoq	Atesta
Critères de 1er niveau – Spécifications des produits	Type[1]		céréales, tubercules, légumes	légumes	légumes	légumes	légumes	légumes, fruits	céréales, tubercules, légumes	céréales, tubercules, légumes	céréales, tubercules, fruits	fruits, légumes
	Teneur en eau initiale (bs, %)		27 - 669	233 - 1900	233 - 1900	233 - 1900	233 - 1900	233 - 1900	27 - 1900	27 - 1900	27 - 567	233 - 1900
	Composition	Thermiquement sensible[2]	√	√	√	√	√	√	√	√ avec un controle en phase 2	√ avec un controle en phase 2	√
		Sensible à la lumière[2]	En fonction des dispositifs	x	x	x	√	√	x	x	√	√
		Détérioration rapide[2]	x	x	x	x	x	fonction du chargement	fonction du chargement	√	√	√
	Quantité[3]	Débit[4]	faible	faible	faible	faible	faible	faible	élevé	moyen	élevé	moyen
	Frequence[3]		faible	moyen	moyen	moyen	moyen	moyen	élevé	moyen	élevé	moyen
Critères de 2nd niveau – Spécifications économiques	Capacité d'investissement[5]		faible	moyen	moyen	moyen	moyen	moyen	élevé	élevé	élevé	élevé
	Débouchés des produits secs		Consommation directe, marché local	marché local	marché local	marché local	marché local	marché local	marché local, exportation	marché local, exportation	marché local, exportation	marché local, exportation

81

Tableau 2.13b : Classification of criteria and inventoried dryers

Famille de critères	Critères principaux	Critères caracteristiques	Séchage à l'air libre	Armoire directe	Tente	Serre	Coquillage	Armoire indirecte	Chambre	Geho	Maxicoq	Atesta
		Disponibilité de l'énergie	●○	●○	●○	●○	○	●○	○	O, en zones rurales avec coûts additionels ●	O, certaines zones rurales ●	O, certaines zones rurales ●
		Disponibilité du matériel	●○	◉	◉	◉	◉	◉	◉	◉	◉	◉
Critères de 3ème niveau	Spécifica-tions environne-mentales	Disponibilité de l'espace	O, limité en zone urbain ●○	●○	●○	○	○	○	●○	●	○	○
		Disponibilité de la main d'œuvre de fabrication	●○	●○	●○	○	○	○	○	●	●	●
		Zone climatique — Caracteris-tique de l'air ambiant	◆▲, moins en climat humide	◆▲, moins en climat humide	◆▲, moins en climat humide	◆▲, moins en climat humide	◆▲, moins en climat humide	◆▲, moins en climat humide	★◆▲	★◆▲	★◆▲	★◆▲
		Zone climatique — Constance du gisement solaire	bonne en saison sèche	bonne en saison sèche	bonne en saison sèche	bonne en saison sèche	bonne en saison sèche	bonne en saison sèche	bonne en saison sèche	bonne en saison sèche	-	-
		Aptitude technique des utilisateurs	Pas de formation nécessaire	quelques instructions	quelques instructions	quelques instructions	quelques instructions	quelques instructions	quelques instructions	formation dans les unités de séchage	formation dans les unités de séchage	formation dans les unités de séchage

82

Légende du tableau 2.13 a et b

1 Types de produit pouvant être séché avec les séchoirs inventoriés
2 Caractéristiques du produit compatible ou non avec le séchoir
3 Quantité approvisionnée / fréquence d'approvisionnement
4 faible: 0 kg/j à 30 kg/j ; moyen: 30 kg/j à 100 kg/j; élevé: > 100 kg/j
5 faible: 0 f CFA/m² à 1000 f CFA/m²; moyen: 6000 f CFA/m² à 54350 f CFA/m²; élevé: 70 450 f CFA/m² à 119050 f CFA/m² (m² de claie)

× Non
▲ Adapté au climat sahélien
★ Adapté au climat tropical humide
◆ Adapté au climat soudano-sahélien
✓ Oui

○ Zone urbaine
● Zone rurale
◉ Zone urbaine et rurale
◐ Zone urbaine ou rurale

2.3.8 Rentabilité économique de séchoirs examinés

Nous avons constaté que de nombreux séchoirs ne sont pas utilisés sur de longues périodes (plus de 2 à 3 ans) et ne sont pas renouvelés (Amouzou *et al.*, 1986). L'analyse de la diffusion des séchoirs a montré que les actions de promotion et de diffusion des séchoirs non-traditionnels sont déterminantes de leur acquisition par les utilisateurs. Il est alors apparu essentiel de vérifier qu'une condition nécessaire à la poursuite de leur utilisation et, au mieux, à une prévision de renouvellement, est une bonne rentabilité économique. Pour cela, six (6) séchoirs typiques ont été bien caractérisés :

- le séchoir bâche (dispositif solaire traditionnel),
- le séchoir armoire directe (solaire direct),
- le séchoir coquillage (solaire indirect),
- le séchoir chambre (solaire mixte),
- le séchoir Geho (gaz et solaire mixte)
- le séchoir Atesta (gaz).

Ils sont présentés dans les tableaux 2.4 à 2.9. Le tableau 2.14 regroupe les données issues de l'enquête et de la littérature utilisées pour les calculs. Les caractéristiques de l'analyse des six (6) situations de séchage sont présentées dans le tableau 2.15.

2.3.8.1 Séchage traditionnel sur bâche

Le cas considéré est le séchage de maïs sur sacs plastique. Malgré un ensoleillement important de 17078,76 $kJ/m^2.j$ (tableau 2.14), le débit d'eau évaporée $(\overline{M_{ev}})$ des 4 m^2 de produit est estimé à 2,5 kg/j (tableau 2.14). Son efficacité (ε) évaluée à 8% est la plus faible des six séchoirs de même que son coût d'achat C_{inv} (tableau 2.15). Le coût du séchage (C_{sech}) de l'ordre de 7 f CFA/kg d'eau évaporée représente 7% de la plus-value (tableau 2.15), le maïs humide ayant une très faible valeur.

Tableau 2.14 : caractéristiques de fonctionnement des 6 séchoirs analysés

Séchoir	Atesta	Geho	Chambre	Coquillage	Armoire direct	Bach
Produits	ananas	manioc	riz	tomate	tomate	maïs
Produits séchés	ananas séché	pâte alimentaire	riz séché	Tomate séchée	Tomate séché	maïs séché
Coût du produit humide (P_{RM}, en f CFA/kg)	98	203	92	98	98	98
Coût du produit sec (P_{DP}, en f CFA /kg)	2640	2168	603	1199	1199	177
Variation de la durée de cycle (h)	24 à 26	15 à 18	22 à 24	18 à 27	9 à 18	36 à 45
Durée moyenne du cycle de séchage (Δt_{cy}, en h)	24	18	24	27	14	45
Quantité chargée (kg/m^2 de claie)	6	13.2	31	3.2	2.2	12.5
précision sur la masse des produits (par m^2 de claie)	±0,5	±1	±1	-	-	-
Surface totale de claie par séchoir (S_t, en m^2)	16,8	11,4	32	1,55	0,92	4
Durée moyenne de jour de séchage par an ($N_{j/an}$)	365	180	284	100	100	90
Variation du nombre de jour d'utilisation	200 à 365 jours (en fonction des commandes	180 jours ou plus, en fonction des commandes	200 à 284	90 à 100	90 à 100	30 à 90
Energie (gaz/direct/ indirect)	gaz	solaire mixte et gaz	solaire mixte	solaire indirect	solaire direct	solaire direct
Gisement solaire (I, en kJ/m^2.j)		15883	15883	19040	19040	19040
Surface de capteur perpendiculaire au rayonnement solaire (m^2)	$S_{dir}=0$ $S_{ind}=0$	$S_{dir}=11$ $S_{ind}=3$	$S_{dir}=31$ $S_{ind}=48$	$S_{dir}=0$ $S_{ind}=1$	$S_{dir}=1$ $S_{ind}=0$	$S_{dir}=4$ $S_{ind}=0$
Composants principaux faisant l'objet de maintenance	claies, caoutchouc pour l'étanchéité	claies, étanchéité de la couverture transparente	claies	claies, peinture	claies	support de claies
Coût annuel de maintenance (C_{maint}, en f CFA /an)	10000	10000	5000	3000	500	200
Autres produits séchés dans les mêmes séchoirs	mangue, ananas, banane	Pâte alimentaire à base de céréales	maïs, manioc	piment, oignon, gombo, légumes feuilles	piments, oignon, gombo, légumes feuille	sorgho, riz, manioc

Tableau 2.15 : Analyse thermo-économique de six séchoirs

Séchoir		Atesta	Geho	Chambre	Coquillage	Armoire directe	Bach
Produits à sécher		ananas	manioc	riz	tomate	tomate	maïs
Données du séchoir	Coût du séchoir C_{inv} (f CFA)	2000000	800000	5000000	75000	50000	4000
	Durée de vie Δt_{vie} (année)	10	5	20	10	10	2
	Coût de maintenance annuel C_{maint} (f CFA/an)	10000	10000	5000	3000	500	200
	Nombre de jour d'utilisation par an $N_{j/an}$	360	180	284	100	100	90
fonctionnement	Produit sec	ananas séché	pâtes alimentaires	riz sec	tomate séché	tomate séché	maïs séché
	Masse de produit humide par cycle m_i (kg/cycle)	120	150	2 000	5	2	50
	Teneur en eau initiale X_i (bs)	400%	223%	32%	1718%	1718%	54%
	Teneur en eau finale X_f (bs)	14%	10%	12%	12%	12%	15%
	Coût de la matière première par jour m_{MP} (f CFA/kg)	100	200	95	100	100	100
	Prix du produit séché par kg P_{PS} (f CFA/kg)	2650	2170	600	1200	1200	175
	Durée de séchage Δt_{cy} (j/cycle)	1	2	1	3	1,5	5
Calculs théorique	Energie reçue par jour par le séchoir E (kJ/j)	575 000	439 892	1 452 287	18 215	18 560	6765 1
	Masse d'eau évaporable par le séchoir E/L_v (kg/j)	256	195,5	645,5	8,1	8,3	30,1
Calculs pratiques	Masse finale de produits séchés par jour m_f (kg/j)	27	26	848	0,1	0,1	7,5
	Masse d'eau évaporée par jour du produit $\overline{M}_{ev}$ (kg/j)	92,6	49,5	151,5	1,6	1,3	2,5
	ε = (masse d'eau évaporée) / (masse d'eau évaporable)	36%	25%	23%	19%	15%	8%
	Chiffre d'affaire par jour $C_{/d}$ (f CFA/j)	72230	55350	509090	125	100	1340
	Coût de séchage par kg d'eau évaporée C_{sech} (f CFA /kg)	50	60	7	65	45	7
	Plus-value par jour PV_j (f CFA/j)	48230	35350	419090	-90	-235	345
	Proportion du coût de séchage dans la plus-value $C\%_{sech}$ (%)	8%	9%	0,2%	-	-	7%
	Coût du séchoir par masse d'eau évaporée par jour (f CFA.j/kg)	21615	16375	32750	47815	39955	1570
	Plus-value par masse d'eau évaporée (f CFA /kg)	460	655	2750	-130	-260	130

Bien que présentant plusieurs inconvénients dont le risque de détérioration des produits en l'absence du soleil, l'utilisation de la bâche en particulier et des dispositifs traditionnels de séchage en général est rentable et reste très utilisée pour sécher les produits de récolte à des fin de consommation, de stockage ou de commercialisation.

2.3.8.2 Séchoir coquillage

Les séchoirs coquillages considérés sont ceux reçus en don de l'ONG Rafia par des groupements de femmes du Nord Togo. Son coût est de 75 000 f CFA. Leurs utilisations est limitées au séchage de légumes (tomates, carottes, piments, etc.) en saison sèche (100 jours en moyenne par an) (tableau 2.14). La surface de captation solaire de 1 m^2 du séchoir exposé à un rayonnement solaire de 20286 $kJ/m^2.j$ (tableau 2.14) permet d'éliminer 1,6 kg/j d'eau avec une efficacité (ε) de 19% (tableau 2.14). Les calculs économiques intégrant l'amortissement et la maintenance conduisent à un coût de séchage (C_{sech}) de 65 f CFA/kg d'eau évaporée (tableau 2.15), valeur la plus élevée parmi les séchoirs analysés. L'activité est déficitaire avec une plus-value (PV_j) négative de -90 f CFA/j (tableau 2.15). Le coût de maintenance étant faible, l'activité arrive à se maintenir mais le renouvellement du séchoir n'est pas envisagé. Plusieurs groupements ont arrêté leur activité lorsque les séchoirs ont été abimés.

2.3.8.3 Séchoir armoire directe

Le don de séchoirs armoires directes à des groupements de femmes utilisant des séchoirs coquillage par l'ONG Rafia visait à permettre un accroissement de production et une amélioration de la qualité des produits par un raccourcissement de la durée de séchage. Ces objectifs n'ont pas été atteints, la seule amélioration a été l'inspection des produits sans ouverture du séchoir. D'un coût d'achat de 50000 f CFA, l'armoire directe a un débit évaporatoire $(\overline{M_{ev}})$ de 1,3 kg/j d'eau avec une efficacité (ε) de 15% (tableau 2.15). Le coût du séchage (C_{sech}) de 45 f CFA/kg d'eau évaporée provient à 91% du coût d'amortissement du séchoir (tableau 2.15). Ce coût est supérieur à la plus-value réalisée sur le produit. L'utilisation et les perspectives de renouvellement sont alors les mêmes que pour les séchoirs coquillage. Les séchoirs étant subventionnés, ils sont utilisés jusqu'à leur "fin de vie" mais leur renouvellement n'est pas envisagé.

2.3.8.3 Séchoir chambre

Le séchoir chambre considéré est un prototype issu d'une recherche du Laboratoire sur l'Energie Solaire de l'Université de Lomé (2000). Il est installé au sein d'une PME dont l'activité principale est la production, le conditionnement dont le séchage et la commercialisation de riz sur le marché local et à l'exportation.

L'investissement (C_{inv}) élevé de 5 000 000 f CFA conduit cependant à un coût d'amortissement relativement faible du fait de la durée d'utilisation par an (284 jours correspondant à 3 récoltes) et de sa longue durée de vie (20 ans). Son efficacité évaluée à 23% paraît très élevée et pourrait être due au stockage d'énergie dans le séchoir. Toute la part non utilisée de l'énergie reçue par le séchoir, n'est pas perdue comme dans le cas d'un séchoir solaire classique, mais est utilisée ultérieurement pendant la nuit par exemple. Aboul-Enein et *al.* (2004) montrent que le stockage d'énergie dans un capteur solaire (avec du granite) permet au moins de doubler le temps pendant lequel la température moyenne à la sortie du capteur est supérieure à la température moyenne du capteur sans stockage. La capacité évaporatoire $(\overline{M_{ev}})$ du séchoir chambre est importante ; environ 151,5 kg/j d'eau évaporée des produits (tableau 2.15). Le coût de séchage (C_{sech}) est alors estimé à 7 f CFA/kg d'eau évaporée, le plus faible des séchoirs analysés. Le riz ne se commercialisant presque pas à l'état humide, l'importante plus-value (PV_j) réalisée (639,83 f CFA/j) n'est qu'indicative (tableau 2.15). En rapportant le coût de séchage au chiffre d'affaire, on obtient environ 1% ; ce qui reste faible.

Son coût de construction (C_{inv}) élevé n'a pas permis sa multiplication. L'entreprise a préféré construire des aires de séchage cimentées en les équipant de bâches pour les couvrir en cas de pluie. Elle recherche une solution à investissement plus faible et d'une capacité de l'ordre de 5 tonnes/cycle de séchage.

2.3.8.4 Séchoir Geho

Le séchoir Geho installé dans une PME au Bénin est le seul rencontré lors de l'enquête qui utilise dans la transformation de tubercules (manioc, igname) et de céréales (maïs, sorgho) en pâtes alimentaires. Sa construction a été faite par le centre Songhaï de Porto-Novo.

Les produits retenus comme référence sont les pâtes alimentaires à base de manioc. Utilisé surtout en saison sèche, le Geho permet d'éliminer 49 *kg* d'eau par jour des produits (tableau 2.15). Le rayonnement solaire incident est complété par une égale quantité d'énergie apportée par la combustion de 4,6 kg de gaz. Son efficacité énergétique globale *(ε)* est de 25% (tableau 2.15). Cette efficacité pourrait être optimisée si l'utilisation du gaz n'était qu'en appoint pour compléter l'énergie solaire dans le cas de produits très humides ou la suppléer totalement par mauvais temps. Le coût d'achat du Geho est de 800 000 *f CFA*, avec environ 180 jours d'utilisation par an. Le coût du séchage *(C_{sech})* de 60 *f CFA/kg* d'eau évaporée (tableau 2.15) est réparti pour moitié entre le coût du gaz et le coût d'amortissement et de maintenance. Bien qu'élevé, ce coût ne représente que 9% de la plus-value.

L'activité a une bonne rentabilité et possède une bonne visibilité du fait de l'absence d'aléas de production. La PME souhaiterait investir dans le futur pour un séchoir permettant d'obtenir un séchage plus uniforme et plus rapide.

2.3.8.5 Séchoir Atesta

Le centre CEAS de Ouagadougou au Burkina-Faso propose aux candidats entrepreneurs l'équipement, la formation et des débouchés à l'exportation pour les produits respectant un standard de qualité. Les très nombreuses références de réussite en différents pays facilitent la décision d'investissement avec une perspective de temps de retour court et de bonne rentabilité.

Les valeurs utilisées pour les séchoirs Atesta de notre enquête viennent d'une unité qui sèche de l'ananas. Le responsable de l'unité formé au CEAS, a d'abord acheté deux séchoirs puis a complété son unité par six autres séchoirs construits par des artisans agréés par le CEAS.

Chaque séchoir reçoit 120 *kg* de tranches d'ananas fraîches par cycle de 24 heures. Son efficacité *(ε)* de 36% est le meilleur d'entre les six séchoirs analysés avec un débit évaporatoire $(\overline{M_{ev}})$ de 92,6 *kg/j*. Les séchoirs sont utilisés durant toute l'année. D'un coût d'achat *(Cinv)* de 2 000 000 *f CFA*, l'amortissement et la maintenance sont faibles devant la consommation de gaz qui représente 86% du coût du séchage *(Csech)* de 50 *f CFA/kg* d'eau évaporée. Cette valeur proche de celle du Geho et de l'armoire directe ne représente que 8% de la plus-value (tableau 2.15).

Le développement du séchoir Atesta dans toute l'Afrique de l'Ouest francophone est un signe de réussite attribuable aux qualités de l'équipement mais aussi à l'accompagnement comprenant la formation et l'aide à la commercialisation des produits séchés.

2.3.8.6 Synthèse de l'analyse thermo-économique

Le rapport $\dot{C}$ du coût d'achat des différents séchoirs à leur débit évaporatoire permet de comparer l'investissement nécessaire à leur performance (tableau 2.15). Le graphe de la figure 2.5 représente le bénéfice journalier obtenu pour chaque situation de séchage, rapporté au débit évaporatoire moyen journalier ($\dot{P}$), en fonction du coût d'achat, aussi rapporté au débit évaporatoire journalier ($\dot{C}$).

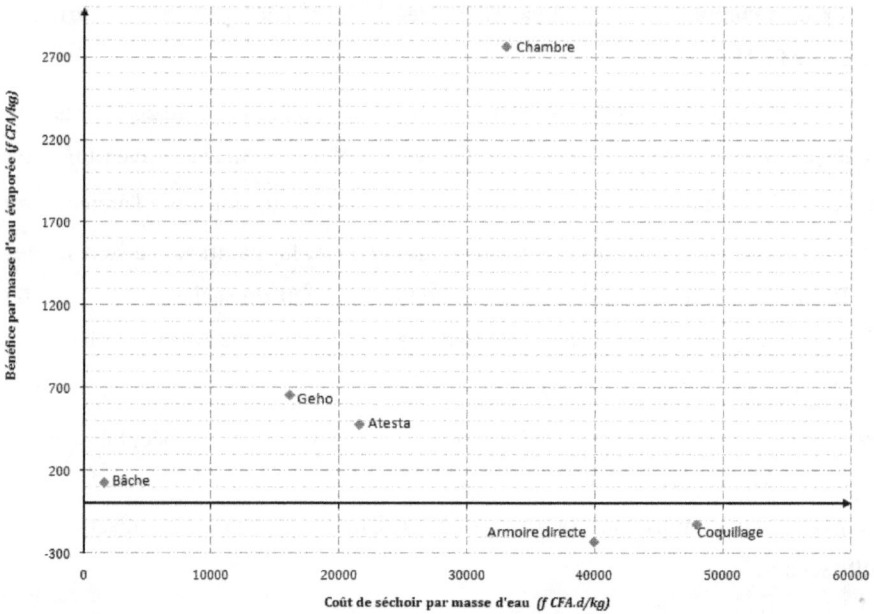

Figure 2.5 : Classification thermo-économique des 6 séchoirs analysés

A capacité évaporatoire identique, la bâche est le séchoir le moins cher avec un coût $\dot{C}$ de 1570 f $CFA.j/kg$ d'eau évaporée, le bénéfice $\dot{P}$ est assez faible de l'ordre de 130 f CFA/kg d'eau évaporée. En la prenant comme référence, les séchoirs solaires coquillage et armoire directe sont 25 à 30 fois plus chers que la bâche et sont les plus chers parmi les six (6) séchoirs analysés. Avec des coûts $\dot{C}$ de 39955 f $CFA.j/kg$ et 47815 f $CFA.j/kg$ d'eau évaporée respectivement, ces séchoirs ne sont pas rentables pour les activités pour lesquelles ils sont utilisés. Pour les séchoirs hybrides Geho et à gaz Atesta, leurs coûts $\dot{C}$ est 12 à 13 fois supérieur (16375 f $CFA.j/kg$ et 21615 f $CFA.j/kg$ d'eau évaporée) à celui de la bâche. Le profit est 3 à 5 fois supérieur à celui de la bâche (460 f CFA/kg et 655 f CFA/kg d'eau évaporée). Enfin le séchoir solaire chambre, un cas singulier d'investissement important de 20 fois celui de la bâche (32750 f $CFA.j/kg$ d'eau évaporée) donne un profit de plus de 20 fois supérieur à celui de la bâche (2750 *f CFA/kg* d'eau évaporée). Il ressort qu'un investissement plus important dans l'acquisition d'un séchoir adapté à un besoin, permet d'obtenir des bénéfices plus importants. Cependant les difficultés d'accès au crédit limitent les capacités d'investissement.

2.4 Conclusion

Ce chapitre présente une analyse critique des séchoirs utilisés en Afrique de l'Ouest pour le séchage des produits agricoles tropicaux en s'appuyant sur une enquête de terrain au Togo, au Benin et au Burkina Faso.

Une review des paramètres caractéristiques proposés par la littérature pour la classification des séchoirs est menée pour extraire un panel de paramètres caractérisant au mieux les séchoirs inventoriés dans cette étude. Les paramètres proposés par la littérature pour les séchoirs utilisés dans les pays industrialisés sont insuffisants ou mal-adaptés pour caractériser les séchoirs utilisés sur le terrain et pour les différencier. Notre travail propose d'autres paramètres pour prendre en compte l'environnement du séchoir : la zone géographique, les types d'utilisateurs, leur niveau d'organisation, la disponibilité des matériaux, de l'énergie et de l'espace au sol, les avantages et inconvénients tels que perçus par les utilisateurs, le montant de l'investissement rapporté au débit évaporatoire et les marchés visés.

Les résultats de l'enquête montrent une faible variété de types de séchoirs réellement utilisés. Ceci contraste avec le nombre élevé de séchoirs présentés dans la littérature, principalement des séchoirs avec capteurs solaires. Les séchoirs utilisés sur place sont : en majorité les séchoirs traditionnels par exposition au soleil; des séchoirs solaires directs et indirects, très peu de séchoirs hybrides et deux sortes de séchoirs à gaz. La plupart des séchoirs étudiés dans la littérature, retrouvés sur le terrain sont des séchoirs solaires, mais ils ne satisfont pas les utilisateurs du fait de leur faible capacité et d'un temps de séchage trop long pour une bonne qualité du produit.

Cette étude révèle aussi que l'acquisition et le développement des séchoirs sont fortement influencés par leur rentabilité et par des critères sociaux tels que les modes de diffusion et la proximité des fabricants. La rentabilité des séchoirs varie selon le type de produit séché, le séchoir et le débouché.

Les séchoirs les plus répandus et renouvelés par les utilisateurs eux-mêmes sont les dispositifs traditionnels par exposition directe au soleil et les séchoirs Atesta au gaz sans énergie solaire. L'analyse thermo économique de six séchoirs caractéristiques, extraits de la gamme des séchoirs inventoriés, montre que pour ces deux types de séchoirs, le coût de séchage C_{sech} est de 7 f CFA/kg pour l'exposition directe et de 50 f CFA/kg pour l'Atesta ; soit respectivement 7% et 8% de la plus value réalisée (tableau 2.15). L'acquisition des autres séchoirs est favorisée par des dons ou des subventions.

Chapitre 3 : Détermination de principes de solutions en conception de séchoir

3.1 Introduction

En analysant les résultats de conception et l'insatisfaction des besoins dans le contexte des pays en développement, Marouzé et Giroux (2001; 2008), Desmorieux et Idriss (2004), montrent sur la base de résultats d'enquêtes menées sur le terrain que le procédé de conception de différents équipements agro-alimentaires dont les séchoirs n'intègrent pas une étude préliminaire sur le besoin des utilisateurs. Il ressort de ces études et selon Mujumdar (Boroze *et al.*, 2009), que l'identification préalable du besoin, la prise en compte de l'environnement, des utilisateurs, des caractéristiques des séchoirs existants et des moyens possibles de fabrication ont une influence positive sur les résultats de la conception et sont indispensables pour effectuer un bon choix.

Dans ce chapitre, à partir des outils du génie industriel appliqués à la conception de séchoirs, est présenté, un cahier de charges fonctionnel de séchoir prenant en compte les caractéristiques du besoin des utilisateurs, ainsi que les principes de solutions et la proposition d'un panel de solutions techniques. Une étude expérimentale réalisée en vue de la détermination des conditions optimales de séchage est aussi présentée.

3.2 Analyse fonctionnelle du séchoir

L'analyse fonctionnelle visant à exprimer le besoin en termes de services attendus plutôt qu'en termes de solutions et à rechercher les solutions les plus adaptées à satisfaire ces besoins a été utilisée. Il s'agit d'une démarche en deux temps qui comprend :

- premièrement l'analyse fonctionnelle externe, orientée vers l'expression du besoin en termes de fonctions. Elle conduit à la définition du future équipement : le "quoi", via les fonctions
- deuxièmement, l'analyse fonctionnelle interne dirigée vers la satisfaction des fonctions. Elle recherche les "comment", pour satisfaire le besoin exprimé à travers les fonctions.

3.2.1 Analyse fonctionnelle externe

L'identification du besoin est la première étape de l'analyse fonctionnelle externe (ou analyse fonctionnelle du besoin), suivie de l'expression du besoin en terme de fonctions.

Le besoin défini comme étant la nécessité ou le désir éprouvé par un utilisateur, concerne la nature de l'attente et non le volume du marché. Il peut être exprimé ou implicite, avoué ou inavoué, manifeste ou latent. Son identification est importante pour la réussite de la conception.

3.2.1.1 Détermination du besoin

L'enquête de terrain présentée au chapitre 2, a permis d'identifier et de recueillir auprès des utilisateurs, leurs besoins : ceux qu'ils estimaient satisfaits ou non satisfaits avec les séchoirs qu'ils utilisaient. Nous avons aussi utilisé la bête à corne, un outil d'expression du besoin pour faire ressortir le besoin de séchage. La bête à corne est illustrée sur la figure 3.1.

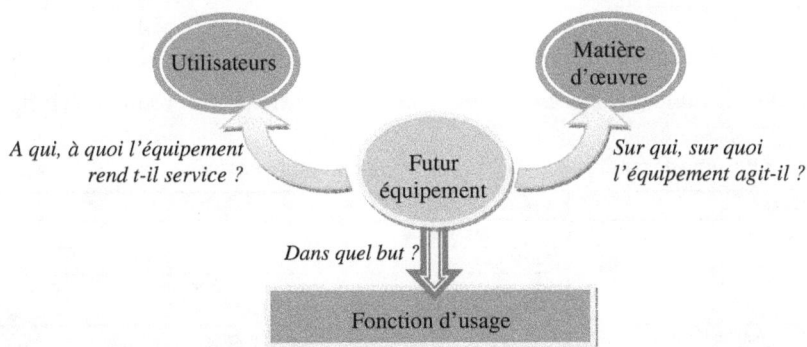

Figure 3.1: La "bête à corne"

Les relations exprimées par les questions entre les différentes parties : utilisateurs, matière d'œuvre, futur équipement, fonction d'usage, permettent une bonne identification du besoin.

3.2.1.1.1 Expression du besoin

Le besoin recherché est de sécher les produits agricoles tropicaux. Cependant, les utilisateurs étant différents les uns des autres et les produits séchés étant aussi différents, ce besoin a des spécifications propres à chaque utilisateur qui ne peut être décliné entièrement ici.

L'utilisation de la bête à corne permet de préciser que l'équipement à concevoir devra servir à l'utilisateur (individu, famille, groupements, ONG ou PME) pour faire du séchage. Il devra permettre d'améliorer son activité de séchage. L'équipement devra agir sur des produits agricoles tropicaux. La spécification suivant les utilisateurs permettra de préciser selon les cas le type de produit à sécher. Le séchoir sera utilisé dans le but de réduire la teneur en eau du produit afin de permettre sa conservation, tout en le protégeant des contaminations, des animaux (insectes, oiseaux, etc.) et des intempéries. Il devra être plus performant que les séchoirs que possédait l'utilisateur.

Les besoins satisfaits et insatisfaits relevés à partir de l'enquête sont présentés dans le tableau 3.1.

Les besoins variant suivant les différents types de produits séchés, et en fonction de leur utilisation, le tableau 3.2 présente les diverses utilisations des produits séchés.

Tableau 3.1 : Besoins des utilisateurs de séchoirs relevés sur le terrain

Besoins satisfaits	Besoins non satisfaits
Possibilité de sécher à faible coût	Efficacité du séchoir
	Rentabilité économique
	Temps moyen avant la première panne ou détérioration du séchoir ou d'une de ces pièces (MTTF)
Existence d'un marché local et international	La possibilité de pouvoir réparer le séchoir
	Voir des séchoirs en fonctionnement
	Qualité du produit sec
Conservation de surplus de production (non vendue)	Coût du séchoir (ou/et du séchage) par rapport aux capacités d'investissement
	Informations sur les séchoirs existants

Tableau 3.2 : Utilisation des différents produits séchés

Produits	Principal objectif du séchage	Débouchés
Céréales		
maïs		consommation, marché local, exportation
riz	conservation	
sorgho, mil		consommation, marché local
Tubercules		
igname	production de farine et de produits transformés (pâtes alimentaires)	consommation, marché local, exportation
manioc		
Fruits		
ananas		
banane	augmenter la valeur ajoutée,	marché local et exportation
mangue	avoir une activité génératrice de revenue	
papaye		
Légumes		
choux		
carotte	conservation,	
tomate	augmenter la valeur ajoutée,	marché local et exportation
oignon	avoir une activité génératrice de revenue,	
haricot vert		
piment, poivron	consommation,	
gombo	conservation,	consommation, marché local et exportation
gingembre	augmenter la valeur ajoutée,	
légumes feuilles	avoir une activité génératrice de revenue,	
spiruline	augmenter la valeur ajoutée, avoir une activité génératrice de revenus,	marché local et exportation

3.2.1.1.2 Validation du besoin

Le besoin une fois identifié, a été évalué et validé à partir des questions suivantes : *Pourquoi le besoin existe-il ? Qu'est ce qui pourrait faire évoluer le besoin ? Qu'est ce qui pourra faire disparaître de besoin ?*

L'existence du besoin de sécher se justifie par le fait que :

- la plupart des produits agricoles sont saisonniers et périssables,
- l'humidité relative de l'air est élevée et accélère la détérioration des produits,

97

- la possibilité de sécher les produits de récolte permettrait de conserver les produits et éviterait de les brader, ce qui accroitrait les revenus des producteurs,
- certains produits séchés sont à forte valeur ajoutée,
- les techniques de séchage utilisées jusqu'ici ne satisfont pas entièrement les besoins. Il y a soit des pertes de produits, soit des produits secs de mauvaise qualité, etc.

Le besoin tel que défini pourrait évoluer. Cela pourrait provenir :

- d'une sensibilisation sur les produits séchés, visant à faire évoluer les habitudes alimentaires,
- d'une augmentation de la production au niveau des groupements de paysans, ou de la capacité économique au niveau des groupements de femmes,
- des facilités de crédit octroyées aux groupements pour leurs faciliter l'acquisition des équipements,

Le besoin identifié pourrait aussi disparaître. Cette disparition pourrait provenir :

- d'une vulgarisation d'autres techniques de conservation telles que des chaînes de froid, ou d'autres techniques d'élimination d'eau du produit comme la friture, le fumage, la lyophilisation, etc. De plus il faudrait que ces techniques soient économiquement abordables,
- d'un changement des habitudes alimentaires par rapport aux produits séchés.

Cependant les contraintes actuelles montrent que ces conditions ne pourront pas se matérialiser dans un futur proche, à cause des problèmes énergétiques d'une part, et de l'inadaptation des autres techniques à tous les types de produits, d'autre part. Les autres techniques citées ont des coûts importants et tous les types de produits ne pourraient être conditionnés via ces méthodes pour satisfaire à tous les besoins. Le séchage solaire reste par exemple un moyen très employé avec un coût très faible.

3.2.1.2 Détermination des fonctions du futur séchoir

La fonction est définie par la norme AFNOR X50-151 comme une « action d'un produit[1] ou de l'un de ses constituants exprimée exclusivement en terme de finalité ». Deux sortes de fonctions sont à distinguer.

- Les fonctions de service, traduisant l'action du produit répondant au besoin de l'utilisateur. Sur le diagramme pieuvre (page 91), elle relie un milieu extérieur au séchoir puis à un autre milieu extérieur.
- Les fonctions de contrainte, traduisant des conditions que doit impérativement remplir le séchoir mais qui ne sont pas sa raison d'être. D'après la norme AFNOR X50-151 : «La contrainte c'est la limitation à la liberté de choix du concepteur réalisateur d'un produit».

L'expérience montre que la procédure intuitive de recherche des fonctions ne permet de trouver que 50 à 80% des fonctions de l'artefact. Pour optimiser cette recherche et inventorier l'ensemble des fonctions et contraintes, une procédure systémique de confrontation entre le séchoir et son environnement a été utilisée.

3.2.1.2.1 Détermination des milieux extérieurs d'un séchoir

L'Analyse du Cycle de Vie a permis tout d'abord de l'identification des situations de vie et d'usages du séchoir (figure 3.2). Les situations d'usages correspondent à la situation de vie d'utilisation du séchoir.

---

[1] Le produit indique la réponse au besoin, le résultat de la conception. Il s'agit ici du séchoir.

99

Cycle de vie du produit	Situations de vie du produit	
Produit spécifié	→ Conception	
Produit défini	→ Fabrication	
Produit réalisé	→ Promotion → Diffusion → Commercialisation	
Produit vendu	→ Installation → Utilisation → Maintenance	**Situations d'usage du produit**
Produit obsolète	→ Fin de vie → Recyclage → Abandon	

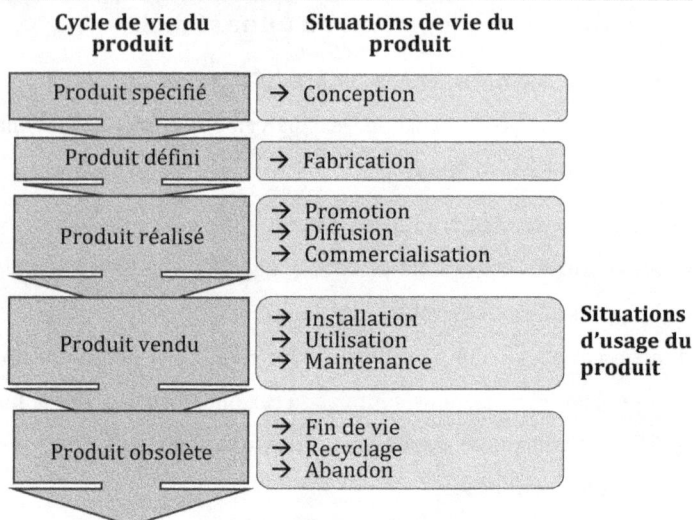

Figure 3.2 : Cycle de vie du produit indiquant les situations de vie et d'usage

A partir des situations de vie et d'usages identifiées, sont ensuite déterminés les milieux extérieurs. Ils permettent d'identifier tous les domaines en relation avec le séchoir. Les différentes situations de vie et d'usages de même que les milieux extérieurs du séchoir sont présentés dans le tableau 3.3.

Tableau 3.3 : Milieux extérieurs, situation de vie et d'usage d'un séchoir

Situation de vie	Situation d'usage	Milieux extérieurs
Conception	Usage jour	Produit humide
Fabrication		Produit sec
Diffusion	Usage nuit	Fabricants
Promotion		Matériaux
Commercialisation	Usage durant la phase 1	Air ambiant
Installation		Source d'énergie
Utilisation	Usage durant la phase 2	Utilisateurs
		Lieu d'utilisation
Maintenance	Usage période production	Saison
		Environnement d'utilisation
Recyclage, abandon	Usage hors période production	Environnement social
		Débouchés

3.2.1.2.2 Détermination des fonctions de service et de contrainte

Les fonctions de service et de contrainte du séchoir sont déterminées par les différentes liaisons pouvant être établies entre les milieux extérieurs et le séchoir. La démarche utilisée est celle du diagramme pieuvre développé par la méthode APTE. Le diagramme pieuvre (figure 3.3) illustre les fonctions de services (relation entre le séchoir au centre et deux milieux extérieurs) et les fonctions de contrainte (relation entre le séchoir et un milieu extérieur) (Scaravetti *et al.*, 2005).

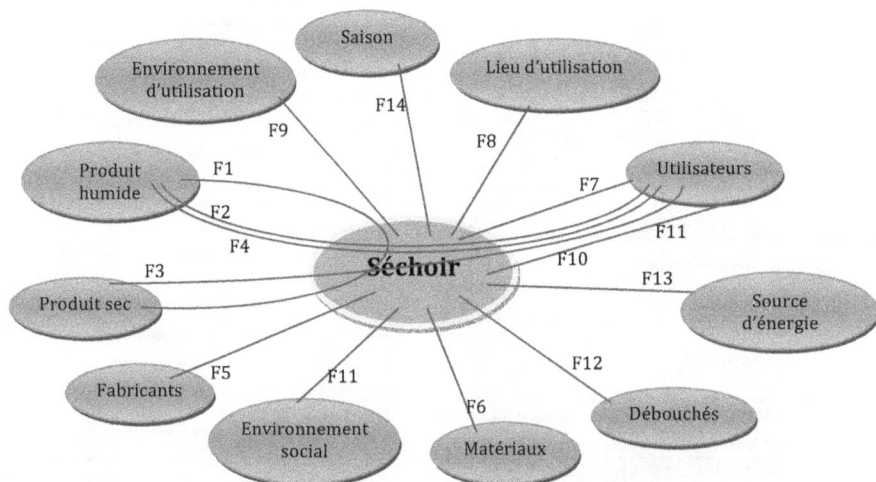

Figure 3.3 : Diagramme pieuvre illustrant les fonctions d'un séchoir

3.2.1.2.3 Elaboration du cahier des charges fonctionnelle

Le cahier de charges fonctionnel est la présentation du besoin sous forme d'un ensemble de fonctions validées, caractérisées et hiérarchisées avec pour chacune, un (ou plusieurs) critère(s) d'évaluation, un niveau et une flexibilité. Le tableau 3.4 présente le cahier des charges fonctionnel d'un séchoir en général.

Le cahier des charges fonctionnel regroupe donc les fonctions structurantes garantes de la bonne conception du séchoir et les critères d'appréciation de la réalisation de ces fonctions (Scaravetti, 2004). Certains de ces critères sont émis par le concepteur et concernent les critères de bonne conception (Boroze et al., 2009). D'autres par contre doivent être admis de concert entre le concepteur et le futur utilisateur. La valeur de ces critères ne sera déterminée que dans le cas spécifique d'un utilisateur où l'on précisera également la flexibilité de cette valeur.

Tableau 3.4 : Fonction et critères du cahier des charges fonctionnel du séchoir

Type de fonction	Fonction	Critères
Fonctions de Service	permettre de transformer le produit humide en produit sec	capacité temps de séchage débit évaporatoire rendement, température maximale vitesse de l'air dans le séchoir
	permettre à l'utilisateur de charger le produit humide	hauteur de chargement, dimensions et masse maximales d'une claie chargée, ergonomie de la manœuvre (temps de chargement)
	permettre à l'utilisateur de décharger le produit sec	hauteur de déchargement, dimensions maximales d'une claie, ergonomie de la manœuvre (temps de déchargement)
	permettre à l'utilisateur de contrôler le processus du séchage	variation de température tolérée par mesure, durée de la manipulation par mesure
Fonctions de Contrainte	être fabricable localement	disponibilité des matériaux, de la main d'œuvre et du type d'équipement nécessaire
	être réparable localement	disponibilité des matériaux, de la main d'œuvre
	doit être simple à utilisation	ergonomie de la manœuvre, niveau d'instruction de la main d'œuvre, simple à entretenir (durée, type d'outil nécessaire)
	doit pouvoir s'intégrer à son lieu d'utilisation	surface au sol,
	doit être résistant dans son environnement	durée de vie, MTTF, MTBF,
	doit être financièrement accessible pour l'utilisateur	coût d'investissement initial, coût de séchage
	être rentable pour l'utilisateur	pourcentage de perte de produit, coût de séchage par rapport à la plus-value
	doit fournir des produits correspondants au débouché visé	qualité organoleptique, composition nutritionnelle, niveau de contamination du produit
	utiliser l'énergie disponible	disponibilité de l'énergie
	permettre de sécher en saison humide	Variation de la durée de séchage par rapport à la saison sèche

Ces critères sont utilisés dans l'aide à la décision pour la conception (ou le choix) de séchoirs (Marouzé, 1999).

Les critères définis peuvent être répartis en trois groupes :

- Les critères de performance du séchoir, (qualité et temps de séchage) concernant les situations de vie fonctionnement,
- Les critères économiques (coût d'investissement et de fonctionnement) concernant les situations de vie conception (investissement) et fonctionnement (coût de fonctionnement),

- Les critères de marketing concernant les situations de vie conception, diffusion, commercialisation et utilisation.

3.2.2 Analyse fonctionnelle interne

Elle permet d'analyser les modalités de réalisation des fonctions identifiées par l'analyse fonctionnelle externe. Elle a conduit à la détermination des fonctions techniques à mettre en œuvre pour la satisfaction du cahier des charges.

3.2.2.1 Détermination des fonctions techniques

Une fonction technique est une action interne du produit définie par le concepteur-réalisateur dans le cadre d'une solution pour réaliser une fonction de service (Piore *et al.*, 1997). L'analyse fonctionnelle interne présente donc l'équipement non comme un assemblage de pièces mais plutôt comme un ensemble de fonctions techniques. L'avantage de cette décomposition fonctionnelle est qu'elle permet de mieux comprendre le problème et facilite ainsi sa résolution (Marouzé, 1999).

La détermination des fonctions techniques a été faite par le FAST (Functional Analysis System Technique) dont le principe est illustré sur la figure 3.4.

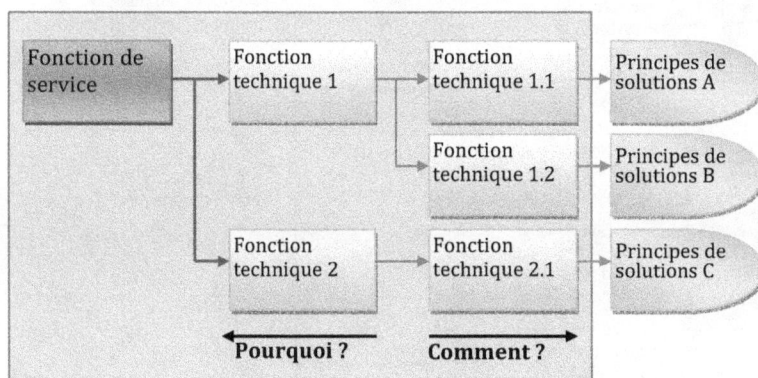

Figure 3.4 : Schéma de principe du FAST

La figure 3.5 présente le FAST issue de la décomposition des fonctions de services du séchoir en fonctions techniques. Des principes de solutions pour chaque solution technique sont proposés. Un principe de solution est une action permettant de réaliser une fonction technique. Elle peut être de nature physique, chimique ou biologique (Scaravetti *et al.*, 2005).

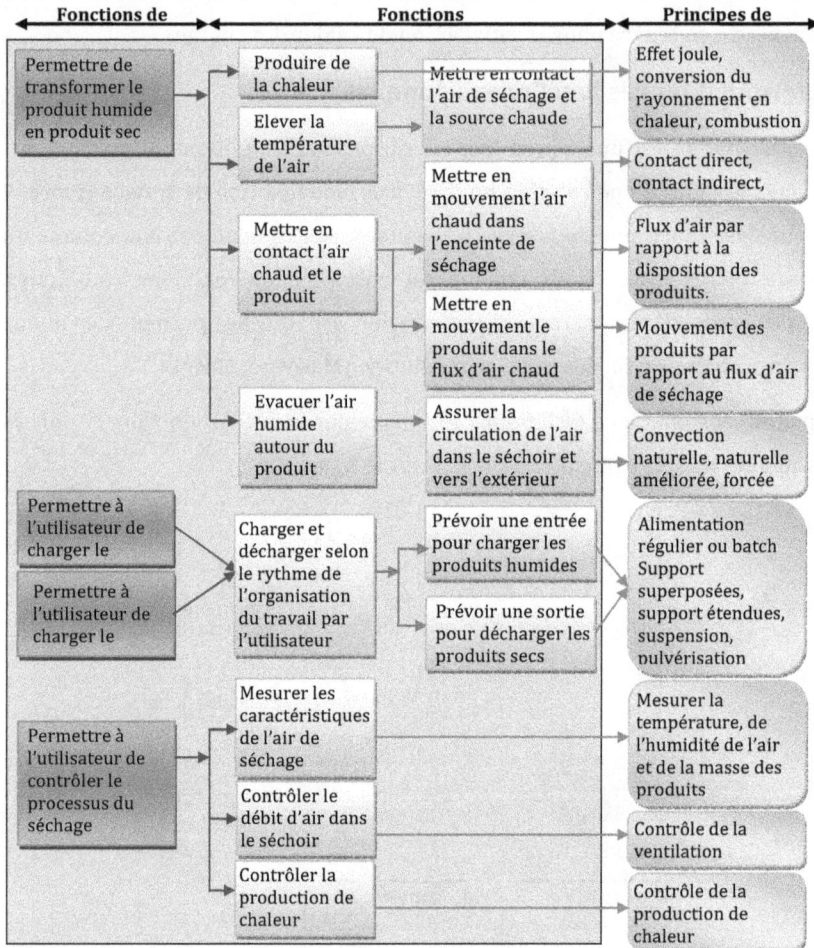

Figure 3.5 : FAST des fonctions de service

3.2.2.2 Approche organique

L'approche organique a permis de déterminer la description technique du séchoir en blocs fonctionnels à partir de l'Organigramme Technique (**OT**) (Nadeau & Pailhes, 2006). La prise en compte de l'influence de l'environnement du séchoir dans cette description a conduit à l'Organigramme Technique étendu (OTé) incluant les milieux extérieurs à l'OT (Boroze *et al.*, 2010). L'OTé du séchoir est présenté sur la figure 3.6 (Boroze *et al.*, 2009).

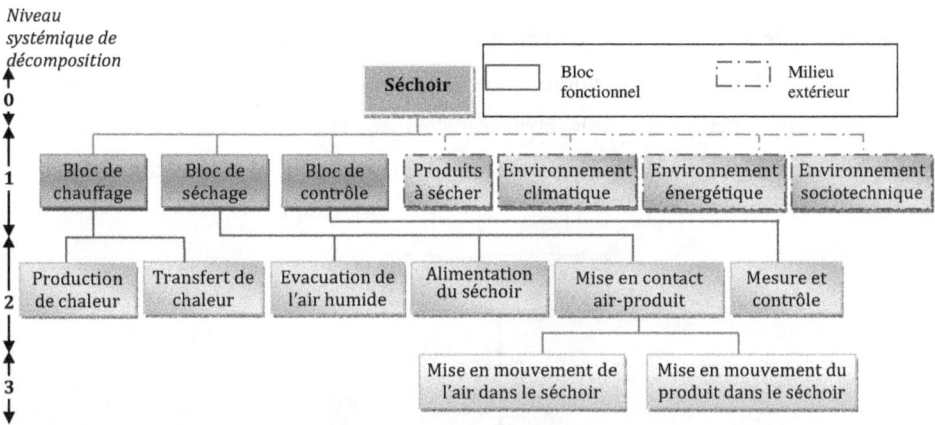

Figure 3.6 : Organigramme technique étendu du séchoir

3.2.2.2 Approche organique

L'approche organique a permis de déterminer la description technique du séchoir en blocs fonctionnels à partir de l'Organigramme Technique (**OT**) (Nadeau & Pailhes, 2006). La prise en compte de l'influence de l'environnement du séchoir dans cette description a conduit à l'Organigramme Technique étendu (OTé) incluant les milieux extérieurs à l'OT (Boroze *et al.*, 2010). L'OTé du séchoir est présenté sur la figure 3.6 (Boroze *et al.*, 2009).

Les unités vont être reliées entre elles par les composants d'interaction, qui transmettent des flux d'énergie, des flux de matière et des flux d'information. Ce sont des composants manufacturés (boulons, vis, rivets, conduites, câbles, fils électriques, connecteurs,...) ou des composants de liaison (soudure, colle,...).

3.2.2.3 Description structurelle du séchoir selon TRIZ

La description structurelle du séchoir est donnée par l'application à la méthode TRIZ (Bimbenet, 2002). La théorie TRIZ définit quatre entités ou sous-ensembles constituant tout système technique : le sous ensemble moteur, le sous ensemble de transmission, le sous ensemble d'opération et le sous ensemble de contrôle. Chacune doit posséder une participation minimale lors de la réalisation de l'action. Dans le séchoir, l'énergie (flux fonctionnel) doit être transformée, transmise et utilisée. C'est la première loi d'évolution de la théorie TRIZ. La figure 3.7 représente ces différentes entités.

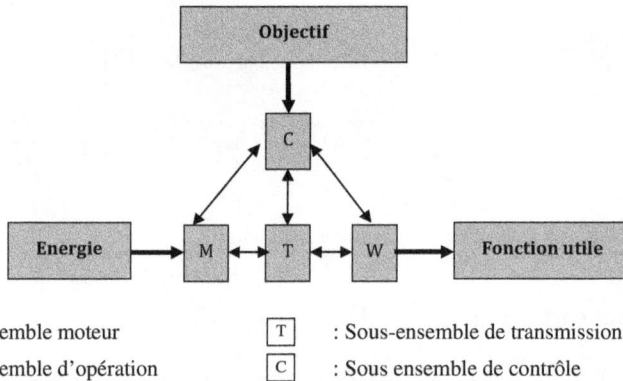

| M | : Sous-ensemble moteur | T | : Sous-ensemble de transmission |
| W | : Sous-ensemble d'opération | C | : Sous ensemble de contrôle |

Figure 3.7 : Représentation d'un système technique selon la méthode TRIZ

Tableau 3.5 : Principes de solutions en conception de séchoir

Entités TRIZ	Blocs fonctionnels de l'OTé	Principes de solutions			
Production d'énergie	Bloc de chauffage	Production de la chaleur	Effet joule	Conversion du rayonnement en chaleur	Combustion
Transmission de la chaleur		Transfert la chaleur à l'air	Contact direct	Contact indirect avec ou sans échangeur	Mixte
Opérations de séchage	Bloc de séchage	Evacuation de l'air humide autour du produit	Convection naturelle	Convection naturelle améliorée	Convection forcée
		Alimentation du séchoir en produit par cycle	Régulier		Batch
			Supports superposés	Supports étendus	Pulvérisation
		Mise en contact air - produit	Flux d'air par rapport au produit		
			Mouvement des produits par rapport à l'air de séchage		
Système de contrôle	Bloc de contrôle	Mesure des caractéristiques de l'air et du produit ; contrôle du procédé de séchage	Mesurer la température, de l'humidité de l'air et de la masse des produits	Contrôle de la ventilation	Contrôle de la production de chaleur

L'utilisation de l'approche fonctionnelle et de la méthode TRIZ permettent de lier la décomposition fonctionnelle du séchoir à sa description structurelle. Ainsi, Chaque sous ensemble TRIZ regroupe donc un ou plusieurs blocs fonctionnels définis à partir de l'OTé et du FAST (tableau 3.5). Les principes de solution définis à partir de l'analyse fonctionnelle peuvent ainsi être reliés à l'architecture structurelle du séchoir.

L'utilisation de l'approche fonctionnelle et de la méthode TRIZ permettent de lier la décomposition fonctionnelle du séchoir à sa description structurelle. Ainsi, Chaque sous ensemble TRIZ regroupe donc un ou plusieurs blocs fonctionnels définis à partir de l'OTé et du FAST (tableau 3.5). Les principes de solution définis à partir de l'analyse fonctionnelle peuvent ainsi être reliés à l'architecture structurelle du séchoir.

3.2.2.4 Détermination des solutions techniques du séchoir

La recherche des principes est généralement basée sur la créativité, l'expérience des concepteurs participant au projet et sur l'état de l'art dans le domaine. En partant des principes de solutions déterminés à partir du FAST, les solutions techniques ont été identifiées sur différents séchoirs de la littérature et des enquêtes. La liste des solutions techniques ainsi obtenue a été classée par bloc fonctionnel. La démarche suivie est illustrée sur la figure 3.8.

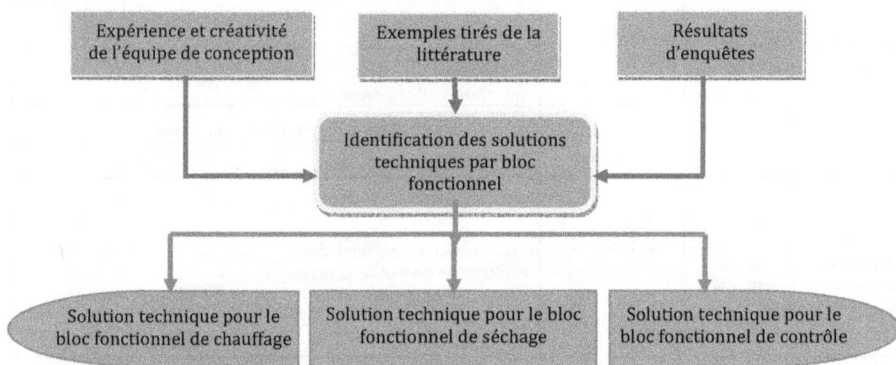

Figure 3.8 : Démarche de détermination des solutions techniques

Les solutions techniques identifiées par bloc fonctionnel sont présentées dans les tableaux 3.6, 3.7 et 3.8.

Le bloc fonctionnel de séchage correspondant à la mise en contact air-produit renvoie à plusieurs combinaisons possibles. L'étude de ces combinaisons permet de définir celles qui sont les plus pertinents pour optimiser les transferts entre l'air de séchage et les produits mis à sécher. La prise en compte de la source d'énergie, du mode de convection, de la présentation des produit et de la disponibilité de l'espace, nous ont conduit à retenir comme pertinent les configurations présentés dans le tableau 3.9.

Tableau 3.6 : Solution technique pour le bloc fonctionnel de chauffage

Bloc fonctionnel		Principes de solutions	Solutions techniques	Cas de séchoir
	Production de chaleur	Effet joule	résistance électrique	
		Conversion de rayonnement en chaleur	technologie infrarouge, micro-onde, capteur solaire plan, capteur solaire concentrique (cylindrique ou parabolique) capteur solaire avec tube sous vide.	Chambre,
Bloc de chauffage		Combustion	brûleur à gaz, foyer de combustion à biomasse, à fuel	Atesta, Geho
	Transfert de chaleur à l'air	contact direct	Par contact direct entre l'air et la source chaude. Exemple : résistance chauffante et brûleur à gaz	Atesta
		contact indirect	Par un échangeur de chaleur à air, à eau, à huile, etc. Exemple : capteur solaire plan	Armoire indirect
		Contact mixte (direct et indirect)	brûleur à gaz et capteur solaire plan	Geho
Du point de vu structurel, l'entité de transmission peut être existante ou pas entre les entités de production d'énergie et d'opération.			Exemple du M005, Atesta, Geho pour le contact direct entre les entités de production d'énergie et d'opération	

109

Tableau 3.7 : Solutions techniques pour le bloc fonctionnel de séchage

Bloc fonctionnel		Principes de solutions	Solutions techniques	Description et (cas de séchoir)
Bloc de séchage	Évacuation de l'air humide autour du produit	Convection naturelle	Convection naturelle	Entrée d'air située en bas et sortie d'air située plus en hauteur (Serre, séchoir banco)
		Convection naturelle améliorée	Effet cheminée	Entrée basse - sortie haute, avec un chauffage de l'air (Armoire indirect)
			Cheminée	Dimensionnement d'une cheminée de hauteur h au-dessus de l'enceinte de séchage (cheminée peinte en noir, cheminée d'un côté transparent exposé au soleil et dont le côté opposé est opaque peint en noir. Armoire indirect, serre)
			Turbo-ventilation	Disposition d'hélice à la sortie d'air utilisant la vitesse du vent pour accroître l'extraction de l'air humide du séchoir (séchoir à turbo-ventilation)
		Convection forcée	Ventilation électrique	Utilisation de ventilateur axial ou centrifuge branché sur le réseau ou à un module photovoltaïque ou à un groupe électrogène (Csec-T)
	Alimentation du séchoir en produit par cycle	Alimentation par batch	Un chargement par cycle	(Silo ou in crib, serre, Atesta)
		Alimentation semi-continue	Chargement périodique durant le cycle	Entrée de produits humides du côté sortie d'air humide et sortie de produits secs du côté entrée d'air sec (Csec-T)
		Alimentation continue	Chargement continu durant le cycle	Sur bande, tapis, claies, par pulvérisation
	Mise en contact	Mouvement du flux d'air	Flux d'air traversant les produits	(Csec-T)
			Flux léchant les produits	(Atesta)
		Disposition des produits	Couche mince	(Atesta)
			Couche épaisse	Silo, Crib
			Suspendus	
			Claies superposées	(Atesta, Csec-T)
			Claies étendues	(Chambre, serre)
			Produit statique	(Serre)
		Mouvement du produit	Permutation des claies	(Atesta, Geho, Maxicoq)
			mouvement en co-courant ou en courant croisé ou en contre courant du flux d'air	(Csec-T)

Tableau 3.8 : Solution technique pour le bloc fonctionnel de contrôle

Bloc fonctionnel	Principes de solutions	Solutions techniques	Description et (ou) cas de séchoir
	Mesure des caractéristiques de l'air de séchage	Installation de capteurs de température et (ou) d'humidité	Thermomètre ou thermocouple (Atesta) hygromètre :
Bloc de contrôle	Mesure des caractéristiques du produit	Détermination de la masse d'un échantillon, et suivi quantitatif de sa composition	Détermination des cinétiques de séchage du produit
	Contrôle de la convection	Réglage du débit d'air	Réglage de la trappe d'entrée de l'air, variation du courant d'alimentation du ventilateur
	Contrôle de la production de chaleur		variation du courant électrique (cas des résistances chauffante), réduction du débit du combustible ou du comburant (cas des foyers de combustion), recouvrir une partie du capteur solaire.

Tableau 3.9: Types d'alimentation et de mise en contact pour séchoirs utilisant des claies

Disposition des claies	Flux d'air	Alimentation Batch — Claies statiques ou avec permutation	Alimentation semi-continue/continue — Mouvement des produits en co-courant	Alimentation semi-continue/continue — Mouvement des produits en contre-courant
Claies étendues	Flux léchant			
	Flux traversant			
Claies superposées	Flux léchant			
	Flux traversant			
Claies étendues et superposées	Flux léchant			

Légende du tableau 3.9:

— Mouvement des produits   ⟿ Permutation des claies   → Alimentation semi-continue   ⇢ Alimentation continue   — Flux d'air

112

3.2.3 Conditions optimales de séchage

La détermination des solutions technique dépend également des conditions de séchage (température et vitesse de l'air de séchage). Nous avons procédé à des tests expérimentaux pour déterminer dans l'exemple d'un cas de produit, les conditions optimales de séchage.

3.2.3.1 Matériel et méthodes

Le matériel utilisé pour les expérimentations est présenté dans le tableau 3.10.

Tableau 3.10 : Matériel utilisé pour les essais de séchage de l'ananas

Matériel	Caractéristique	Fonction
Balance	OHAUS Pionner précision 0,1g	Mesure de la masse des claies et des produits
Balance	Sartoruis Précision 0,001g	Mesure de la masse d'échantillons de produits avant et après passage à l'étuve
Capteur de température	Thermocouple K	Mesure de la température
Capteur d'humidité	Sonde d'humidité capacitive, plage (5% à 98%)	Mesure de l'humidité relative
Centrale d'acquisition	Almemo 2250	Relevé et enregistrement automatique des valeurs mesurées par les capteurs
Etuve		Dessiccation des échantillons

Pour l'optimisation des conditions de séchage, nous avons choisi de travailler sur un produit à forte teneur en eau, l'ananas, car posant plus de contrainte en séchage. Les expériences se sont déroulées au Cirad à Montpellier sur un séchoir électrique à température et à débit d'air variables.

La figure 3.9 montre le principe de fonctionnement du séchoir utilisé ainsi que la position des différents capteurs.

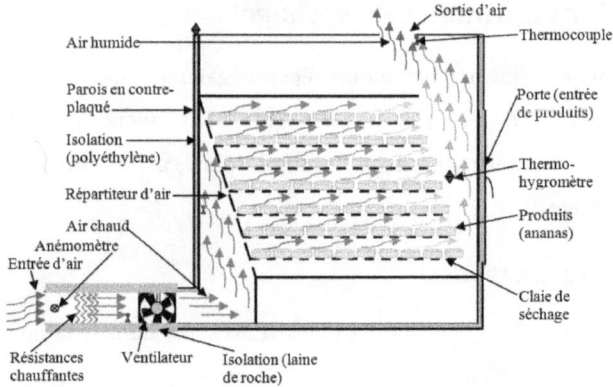

Figure 3. 9 : Séchoir expérimental à température et flux d'air variables

Les échantillons sont des rondelles d'ananas de diamètre extérieur (80 mm), intérieur (35 mm) et d'épaisseur (7 mm). Quatre (4) claies superposées les unes sur les autres dans un flux d'air léchant constituent les supports des produits. Les conditions ambiantes moyennes sont : 29 °C de température et 52 % d'humidité. Trois températures de l'air de séchage (40 °C, 50 °C et 60 °C) et quatre vitesses de l'air (0,27 m/s ; 0,5 m/s ; 1 m/s ; 1,8 m/s) ont été utilisées durant les expériences menées au Cirad. Les vitesses de l'air choisies couvrent les plages allant de la ventilation naturelle : 0,2 à 0,5 m/s à la ventilation forcée supérieure à 1 m/s au niveau du produit. Le tirage par effet cheminé correspond à la plage située entre les deux. La masse initiale des tranches d'ananas étalées sur chaque claie était de 600,0 ± 0,1 g. Des échantillons prélevés avant et après le séchage ont permis de déterminer la teneur en eau initiale (X_i) et d'équilibre (X_{eq}) de l'ananas. Les caractéristiques de l'air sont mesurées toutes les minutes à l'aide de sondes de température, de vitesse et d'humidité. Ces sondes sont raccordées à une centrale d'acquisition Almemo 2250 permettant un enregistrement automatique des données. Pour suivre l'évolution de la masse (m) du produit au cours du séchage, une pesée de chaque claie est effectuée toutes les 30 minutes. A partir des masses obtenues par pesée, nous avons calculé les teneurs en eau en base sèche (X) à partir de l'équation (3.1).

$$X = \frac{(m - m_s)}{m_s} \qquad (3.1)$$

m_s : masse sèche du produit ; X_{eq} : teneur en eau d'équilibre = 17 % (base sèche). La teneur en eau réduite (X_r) qui est une grandeur adimensionnelle s'obtient à l'aide de l'équation (2).

$$X_r = \frac{(X - X_{eq})}{(X_s - X_{eq})} \qquad (3.2)$$

La vitesse de séchage exprimée en h^{-1} est calculée à partir de l'équation (3).

$$\frac{dX}{dt} = \frac{X_{t+dt} - X_t}{dt} \qquad (3.3)$$

Avec t est le temps de séchage ; X_{t+dt} et X_t indiquant respectivement la teneur en eau à $t+dt$, et t.

3.2.3.2 Résultats et discussions

Les résultats des tests réalisés sont présentés sous forme de cinétiques de séchage donnant la teneur en eau réduite en fonction du temps, la vitesse de séchage en fonction du temps et la vitesse de séchage en fonction de la teneur en eau.

La figure 1 montre la variation de la teneur en eau réduite des tranches d'ananas sur les différentes claies en fonction du temps lors du séchage. Les caractéristiques de l'air de séchage étant de 50°C et 0,95m/s. L'aspect des courbes est proche de l'aspect général des courbes de séchage des produits alimentaires à forte teneur en eau (absence de la phase de mise en température) (2001).

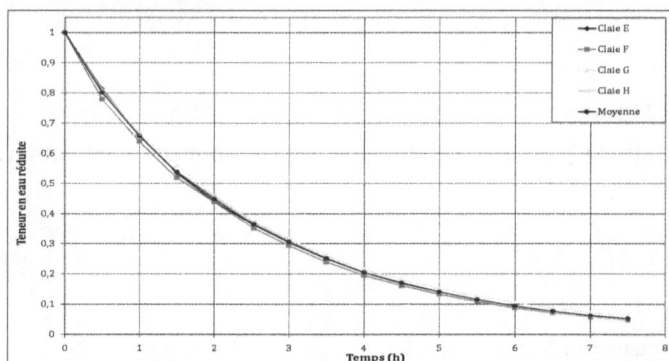

Figure 3.10 : Variation de la teneur en eau réduite en fonction du temps à T=50°C et V=0,95m/s

Nous constatons que les quatre courbes ont toutes la même allure tout au long du séchage et sont presque confondues. A t = 0,4 heure l'écart type entre les teneurs en eau réduites (X_r) des tranches d'ananas sur les différentes claies est de 0,03. Elle est de 0,01 à t = 6 heures. Cet écart, très faible entre les courbes de séchage des produits sur les différentes claies, établie que les produits sèchent de la même façon avec les mêmes conditions d'air. On peut déduire donc qu'on est rigoureusement en présence d'une mise en contact en flux d'air léchant et considérer par suite la courbe moyenne de séchage pour caractériser les expériences dans les différentes conditions.

Pour étudier l'influence de la température de l'air de séchage sur l'allure du séchage, nous allons considérer les cinétiques de séchage à 40°C, 50°C, 60°C et à vitesse d'air constante V = 1,17m/s (figure 3.11 à 3.13).

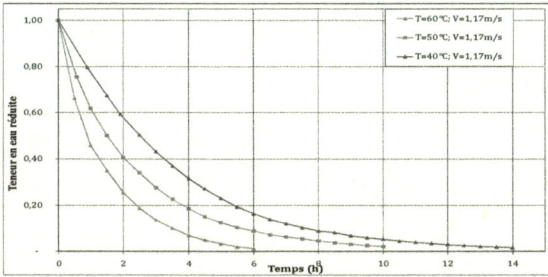

Figure 3.11 : Variation de la teneur en eau réduite en fonction du temps à vitesse constante

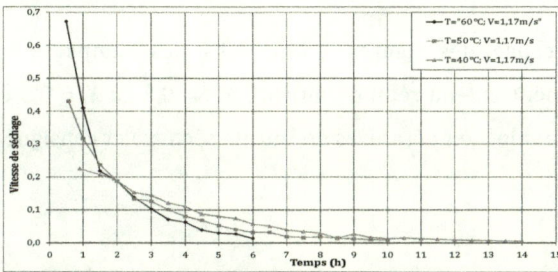

Figure 3.12 : Variation de la vitesse de séchage en fonction du temps à vitesse constante

117

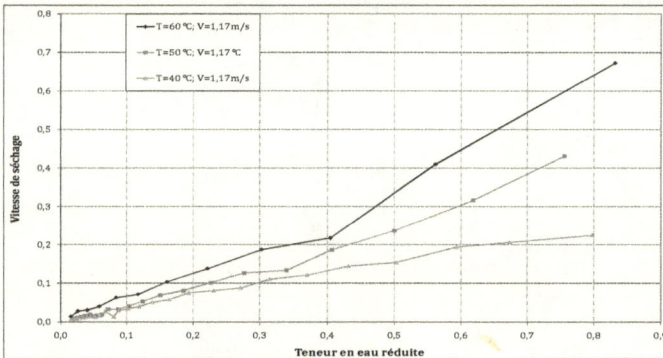

Figure 3.13 : Variation de la vitesse de séchage en fonction de la teneur en eau réduite à vitesse constante

Sur les cinétiques de séchage des figures 3.11 à 3.13, les temps de séchage correspondant à $X_r = 1$ (teneur en eau réduite initiale), à $X_r = 0,5$; à $X_r = 0,3$ et à $X_r = 0,1$ ont été déterminés suivant les températures de l'air de séchage et consigné dans le tableau 3.11.

Tableau 3.11 : Temps de séchage pour différentes valeurs de X_r en fonction de la température de l'air

De $X_r = 1$ à $X_r = 0,5$	$T = 40°C$	$T = 50°C$	$T = 60°C$
Temps de séchage t (h)	2,50	1,50	0,90
De $X_r = 0,5$ à $X_r = 0,3$			
Temps de séchage t (h)	4,00	2,80	1,75
De $X_r = 0,3$ à $X_r = 0,1$			
Temps de séchage t (h)	7,50	5,50	3,5

Les résultats du tableau 3.11 montrent que pour évaporer 50% de l'eau du produit pour atteindre l'équilibre (X_r variant de 1 à 0,5), une augmentation en température de 40°C à 50°C permet de réduire le temps de séchage de 38%. En considérant toujours X_r comprise entre 1 et *0,5 ;* une augmentation de 50°C à 60°C permet de réduire le temps de séchage de 40%. Lorsque le séchage est conduit de $X_r = 0,5$ à $X_r = 0,3$, une augmentation de 40°C à 50°C conduit à une réduction du temps de séchage de 44%. Dans le même intervalle de teneur en eau réduite, une augmentation de 50°C à 60°C réduit le temps de séchage de 38%. En séchant jusqu'à la teneur en eau réduite de $X_r = 0,1$ à 50°C au lieu de 40°C, on obtient une réduction en temps de séchage de 27%. En comparant dans le même intervalle de teneur en eau réduite, le séchage à 60°C et celui à 50°C, on remarque une réduction de temps de séchage de 36%. Il en résulte qu'une augmentation de température entraîne une réduction de temps de séchage confirmé par Nicoleti *et al.* (2003) sur l'ananas, Akpinar *et al.* (2008) sur les patates, Dissa *et al.* (2004) sur les mangues et Doymaz (2005) sur les carottes. Nos résultats font ressortir que cette réduction est plus marquée dans les deux dernières phases de séchage.

L'étude de l'influence de la vitesse de l'air de séchage sur l'allure de séchage de l'ananas a été faite en rapportant les cinétiques de séchage à température constante (50°C) et vitesses d'air différentes de 0,27 m/s ; 0,5 m/s ; 1 m/s et 1,8 m/s (figures 3.14 à 3.16).

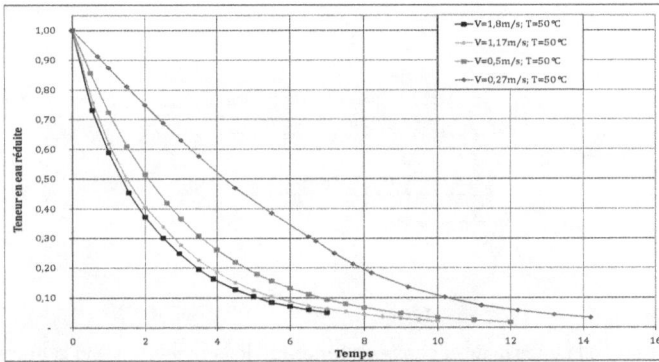

Figure 3.14 : Variation de la teneur en eau réduite en fonction du temps à température constante

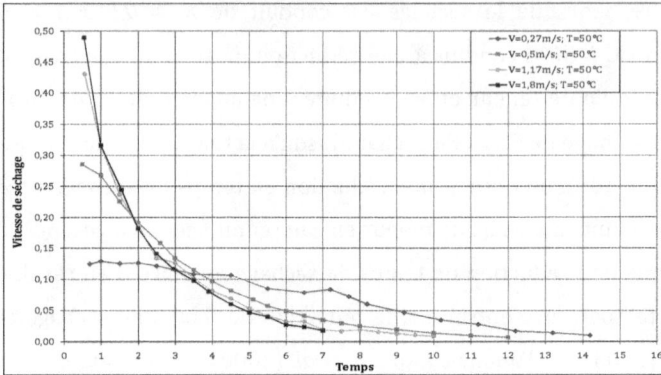

Figure 3.15 : Variation de la vitesse de séchage en fonction du temps à température constante

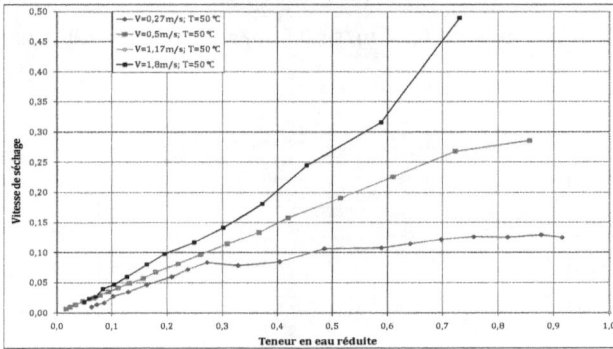

Figure 3.16 : Variation de la vitesse de séchage en fonction de la teneur en eau réduite à température constante

Sur les cinétiques de séchage des figures 3.14 à 3.16, les temps de séchage correspondant à $X_r = 1$ (teneur en eau réduite initiale), à $X_r = 0,5$; à $X_r = 0,3$ et à $X_r = 0,1$ ont été déterminés suivant les différentes vitesses de l'air de séchage et consigné dans le tableau 3.12.

Tableau 3.12 : Temps de séchage pour différentes valeurs de X_r en fonction de la vitesse de l'air

De X_r =1 à X_r = 0,5	V = 0,27m/s	V = 0,5m/s	V = 1,17m/s	V = 1,8m/s
Temps de séchage *t* (*h*)	4,38	2,12	1,50	1,40
De X_r =0,5 à X_r = 0,3				
Temps de séchage *t* (*h*)	6,00	3,50	2,80	2,50
De X_r =0,3 à X_r = 0,1				
Temps de séchage *t* (*h*)	11,20	6,70	5,50	5,00

Les résultats du tableau VII montrent que, pour une élimination de 50% de l'eau à évaporer du produit pour atteindre l'équilibre, une augmentation de la vitesse de l'air de séchage de 0,27 m/s à 0,5 m/s entraîne une réduction du temps de séchage de 52%. Pour une variation de vitesse de 0,5 m/s à 1,17 m/s, on observe une réduction du temps de séchage de 29%. Cependant, en variant la vitesse de l'air de 1,17 m/s à 1,8 m/s toujours pour $1 \geq X_r \geq 0,5$, la réduction du temps de séchage n'est que de 7%. Lorsque le séchage se poursuit de $X_r = 0,5$ à $X_r = 0,3$, à une vitesse de 0,5 m/s au lieu de 0,27 m/s l'on obtient une réduction du temps de séchage de 42%. Pour le même intervalle de teneur en eau, une augmentation de 0,5 m/s à 1,17 m/s permet de réduire le temps de séchage de 20%. Quant au séchage entre $0,5 \geq X_r \geq 0,3$ se fait à 1,8 m/s au lieu de 1,17 m/s, la réduction de temps est de 11%. Il ressort du tableau VII que le séchage de l'ananas pour $X_r = 0,3$ à $X_r = 0,1$; à 0,5 m/s au lieu de 0,27 m/s permet aussi une réduction du temps de séchage de 40%. En comparant dans le même intervalle de teneur en eau réduite, le séchage à 1,17 m/s à celui de 0,5 m/s, on remarque une réduction de temps de séchage de 16%. En passant à 1,8 m/s, le temps est réduit en plus de 11% par rapport à un séchage à 1,17 m/s. L'influence de la vitesse de l'air sur le séchage du produit, est très significative quand on passe du séchage en convection naturelle (autour de 0,27 m/s) à une ventilation moyenne (0,5 m/s). Sur l'ensemble des variations de vitesses d'air étudiées, on relève que l'influence de la vitesse de l'air sur le séchage est plus marquée en début de séchage qu'en fin de séchage où elle est inférieure à 20%. Les travaux de TALLA *et al.* (2001) et de NICOLETI *et al.* (2001) pour des vitesses plus élevé (1,5 à 4 m/s) ont montré que la variation du débit d'air n'avait pas d'influence significative sur le séchage ce qui n'est pas le cas entre 0,27 m/s et 1,5 m/s.

Des résultats similaires pour d'autres produits ont été trouvés. Karim et Hawlader (2003) pour le séchage de la banane en flux léchant ont montré qu'à 0,3 m/s, le temps de séchage diminue de 25 % en passant de 40°C à 50°C et de 33% lorsqu'on passe de 50°C à 60°C. A 0,7 m/s, de 40°C à

50°C, le temps de séchage diminue de 31% et de 35% de 50°C à 60°C. L'influence de l'épaisseur sur le temps de séchage des mangues est montrée par Kameni *et al.* (2003) à Ouagadougou dans un séchoir à gaz à flux léchant avec une vitesse de 1,3 m/s à 70°C sur la variété Amélie. Une variation d'épaisseur de 4 à 10 mm, entraîne une augmentation du temps de séchage de 140% ; et de 50% pour une variation de 10 mm à 15 mm. Ces travaux sont confirmés par Akpinar *et al.* (2004) pour la patate et par Doymaz (Roy, 1985) pour les carottes.

3.4 Conclusion

Dans le but d'améliorer la pratique de l'activité de conception de séchoirs dans les pays de l'Afrique de l'Ouest, nous avons décrit et appliqué dans ce chapitre une démarche s'inspirant des méthodes conventionnelles et d'outils de conception utilisés dans les pays développés. Cette démarche de conception et l'application des outils du génie industriel telles que l'analyse fonctionnelle, l'organigramme technique, la définition d'un système technique selon TRIZ, ont permis d'intégrer les phases amont de la conception souvent négligées dans les pays en développement. Ces phases sont :

- l'identification du besoin,
- la recherche des principes de solutions.

La proposition faite d'un panel de solutions techniques par entité fonctionnelle permet d'élargir le champ de choix des concepteurs locaux. La possibilité en outre de pouvoir avoir différentes combinaisons entre les blocs fonctionnelles qui ressort de cette démarche permet de développer la créativité des concepteurs. Enfin, l'analyse des configurations de mise en contact air-produit dans un séchoir et celle des conditions optimales de séchage pour le cas du séchage de l'ananas ont permis de faire ressortir les configurations de mise en contact et les conditions de séchage pertinentes

Chapitre 4 : Outil d'aide à la décision pour la conception de séchoirs

4.1 Introduction

L'aide à la décision est définie par Bernard Roy (Koyuncu, 2006) comme étant : « l'activité de celui qui, prenant appui sur des méthodes clairement explicitées mais non nécessairement clairement formalisées, aide à obtenir des éléments de réponses aux questions que se posent un intervenant dans un processus de décision, éléments concourant à éclairer la décision et normalement à prescrire ou simplement à favoriser un comportement de nature à accroitre la cohérence entre l'évolution du processus d'une part, les objectifs et le système de valeurs aux services desquels cet intervenant se trouve placé d'autre part ».

L'aide à la décision cherche à élaborer des concepts, des modèles, des procédures et des résultats pour constituer un ensemble structuré et cohérent de connaissances pouvant jouer le rôle de clé pour agir en conformité avec des objectifs et des valeurs. On distingue deux démarches possibles pour élaborer un modèle d'aide à la décision : une démarche descriptive et une démarche constructiviste.

Dans la démarche descriptive, le modèle de l'aide à la décision est élaboré en faisant l'hypothèse qu'il existe dans l'esprit de l'intervenant ou du concepteur "un système de préférence qu'il s'agit d'appréhender de la manière la plus fidèle possible sans le perturber." Ce système de préférence décrit au moyen d'une représentation numérique conduit à l'établissement d'une recommandation. On suppose dans cette démarche que, par l'application d'un certain nombre de principe de rationalité véhiculé par le modèle, la description du système de valeur de l'intervenant permet d'inférer sans ambigüité la façon dont deux actions quelconques se comparent en termes de préférence.

Dans la démarche constructiviste que nous avons adoptée dans cette étude, on considère que les préférences des intervenants sont toujours conflictuelles, peu structurées et même appelées à évoluer au sein du processus de décision et influencées par la mise en œuvre du modèle. "Le modèle d'aide à la décision est élaboré en cherchant à tirer parti de ce qui semble être la partie la plus stable de la perception du problème qu'ont les acteurs." Sur cette base, le modèle consiste à fournir des concepts, des modes de représentation et des raisonnements leur permettant d'enrichir leur perception. C'est à la suite de ce travail qu'est conçue la représentation. Le système de préférence élaboré dans cette démarche tolère les incomparabilités.

Cette dernière démarche conduit à une approche multicritère qui est beaucoup plus proche de la réalité en ce qu'elle affirme que :

- la meilleure solution est non issue de l'optimisation d'un critère, mais d'un compromis entre l'évaluation de plusieurs critères ; "les actions potentielles sont complémentaires, partielles et non globales."
- dans la réalité des processus de décision, on note souvent l'émergence de nouvelles actions potentielles au cours du processus.
- certains critères peuvent être incomparables entre elles, et non mesurables. Elle admet l'intransitivité de l'indifférence et le fait que la préférence elle-même n'est pas forcement transitive.

L'analyse multicritère formalise et modélise la préparation à la décision. Elle présente deux avantages :

- elle permet l'amélioration de la transparence du processus de decision,
- elle définit, précise et met en évidence la responsabilité ou la part que doit jouer le décideur.

Dans ce chapitre, nous présentons la démarche d'élaboration de l'outil d'aide à la décision, quelques exemples sur les calculs ayant permis la détermination des valeurs, des indicateurs et son fonctionnement. La construction de cet outil s'inspire des résultats issus de l'analyse fonctionnelle présentée au chapitre 3, des études effectuées sur le choix des critères de caractérisation et de choix de séchoirs décrites aux chapitres 2 et 3 et sur une veille technologique des solutions techniques existantes qui ressort des chapitres 2 et 3. La validation de l'outil est réalisée sur un cahier de charges d'une PME séchant des ananas au Togo.

4.2 Méthodologie d'élaboration de l'outil

En général, lorsqu'on pose un problème multicritère, il s'agit de trouver la *"solution la plus adéquate"*, compte tenu d'un ensemble de critères, cette solution pouvant prendre diverses formes (choix, affectation, classement). La démarche comprend toujours 4 grandes étapes :

1. *Dresser la liste des actions potentielles*, qui sont dans notre cas les solutions techniques.

2. *Dresser la liste des critères à prendre en considération*. Ces critères sont les indicateurs dont les valeurs permettront le choix des solutions techniques.

3. *Établir le tableau des performances*, qui revient à déterminer comment les indicateurs sont évalués.

4. Agréger les performances. A cette étape, il s'agit de définir comment se fera le choix à partir des résultats des indicateurs données pour toutes les solutions techniques.

Dans le cadre de cette étude, les trois premières étapes ont été développées. Et les résultats comportant toutes les informations sur les différentes solutions techniques sont exposées à l'utilisateur de l'outil pour qu'il puisse prendre sa décision. Nous n'avons pas formalisé l'étape 4 parce que le poids des indicateurs calculés ou leur hiérarchisation varie suivant les cas tout comme le niveau des critères dans un cahier des charges. La figure 4.1 montre un schéma descriptif de l'outil.

4.2.1 Données d'entrées et solutions techniques retenues

4.2.1.1 Détermination des entrées de l'outil

Pour permettre l'aide à la décision sur les solutions techniques à mettre en œuvre, l'outil doit être renseigné par des données qui sont des données d'entrées. Ces données concernent les produits à sécher, le procédé de séchage, l'environnement sociotechnique, économique et climatique du lieu d'utilisation du séchoir. Ces données sont réparties en catégories selon leurs sources. En premier nous distinguons les données d'entrées utilisateurs qui sont fournies par l'utilisateur de l'outil et en second, celles contenues dans la base de données de l'outil.

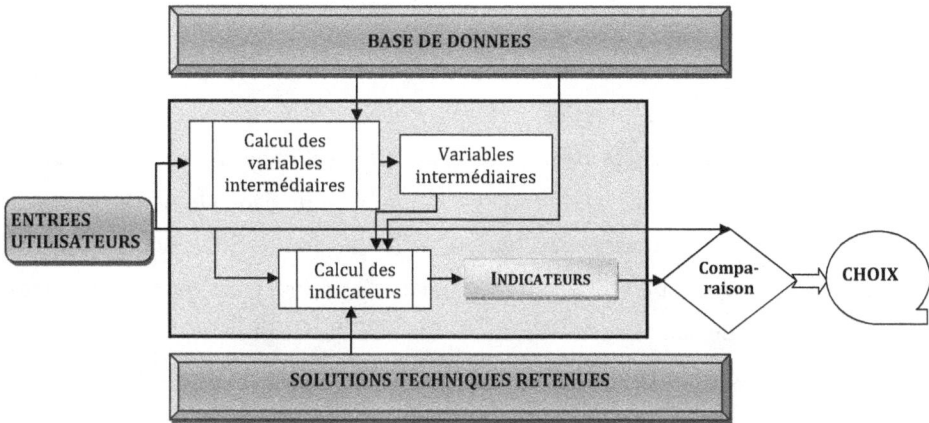

Figure 4 .1 : Présentation générale de l'outil d'aide

4.2.1.1.1 Données d'entrée utilisateur

Les entrées utilisateur de l'outil sont les différentes grandeurs que fournit l'utilisateur de l'outil ou le demandeur de séchoir pour pouvoir obtenir une aide au choix. Ces entrées décrivent le besoin de l'utilisateur. Elles concernent le produit (sa désignation), le procédé de séchage (le débit journalier de produit à sécher), l'environnement économique (le prix de la matière première et du produit sec) et peuvent être classées en trois types de données.

- Données indispensables à fournir par l'utilisateur pour permettre l'exécution de l'outil.
- Données proposées par la base de données à confirmer ou à ajuster par l'utilisateur.
- Données à fournir par l'utilisateur pour trier les solutions proposées par l'outil.

4.2.1.1.2 Base de données

La base de données comprend des données sur les produits agricoles tropicaux, sur l'environnement climatique et sur les matériaux intervenant dans la réalisation de séchoir.

127

➢ Données sur les produits

Les produits renseignés dans la base de données sont des produits agricoles tropicaux comprenant des céréales, des tubercules, des légumes et des fruits. Les données recensées concernent : la teneur en eau initiale et finale, l'épaisseur minimale et maximale de la couche de produit, la forme sous laquelle le produit est communément séché, sa masse spécifique et sa teneur en sucre. Ces données ont été constituées à partir de la littérature (teneur en eau, en sucre, rendement de séchage), de mesures sur le terrain (formes, épaisseurs des couches de produit) et d'expériences faites en laboratoire (teneur en eau, masse spécifique, rendement de parage et de séchage).

➢ Données sur l'environnement climatique

Pour l'environnement climatique, la base de données renseigne sur l'ensoleillement global, la température et l'humidité relative de l'air ambiant. Les données recensées actuellement, sont celles de trois localités au Togo caractérisant les types de climats dans ce pays : Lomé au sud pour le climat tropical humide, Atakpamé au centre pour le climat tropical soudanais et Mango au nord pour le climat tropical soudano-sahélien. Ces données résultent de moyennes mensuelles de mesures effectuées par la chaire de l'UNESCO sur les Energies Renouvelables de l'Université de Lomé d'une part pour l'ensoleillement et d'autre part par le service de météorologie nationale pour les données de température et de d'humidité.

Le gisement solaire déterminé est le rayonnement global mesuré au sol avec des pyranomètres LI 200 SA d'une précision de 5% et des centrales LI1400 de la firme LICOR.

Les températures sont mesurées par des thermomètres à bilame d'une précision de ± 0,1°C. L'humidité relative est mesurée à partir d'hygromètre à cheveux de 6% de précision.

Toutes ces données recueillies ont été traitées avec le logiciel *Microsoft Excel*.

➤ Données sur les matériaux

Pour les matériaux, la plupart de ceux intervenant dans la réalisation de séchoir a été répertoriée. Il s'agit de matériaux en bois, en acier, en verre, en film plastique, etc. le prix de ces matériaux a été relevé sur différents marchés à Lomé en 2010 en fonction des dimensions caractéristiques desdits matériaux. Ces prix ont été ramenés au kg pour les barres d'aciers, d'aluminium, etc. ; par m² pour les tôles, les grillages, etc. et par m pour les tubes et les profilés.

4.2.1.2 Les solutions techniques retenues

L'objectif de la réalisation de cet outil est d'aider au choix de solutions techniques pour la conception de séchoirs.

Il est donc primordial de déterminer les différentes solutions techniques envisageables. La démarche suivie pour cette détermination est décrite par la figure 4.2.

4.2.1.2.1 Hypothèses simplificatrices

Pour la parcimonie du modèle sur cette première version de l'outil, nous avons introduit des hypothèses simplificatrices pour limiter le nombre de solutions techniques à simuler. Nous avons ciblé les séchoirs à petite et moyenne échelles pour les produits agricoles tropicaux en Afrique subsaharienne. Les solutions industrielles ne sont pas prises en compte dans la liste des solutions techniques. En nous inspirant de nos résultats d'enquêtes, nous avons limité les sources de production de chaleur à l'énergie solaire et aux gaz. Des solutions techniques proposées au chapitre 3, nous n'avons retenu que celles présentées dans le tableau 4.1.

Les types de solutions techniques simulées résultent de la combinaison entre les solutions techniques des différents blocs fonctionnels. Cette combinaison conduit à quarante types de solutions présentées dans le tableau 4.2.

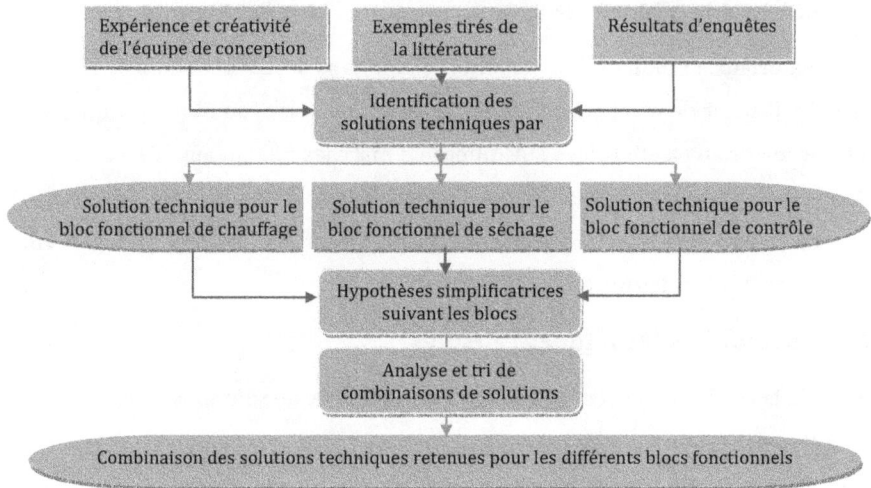

Figure 4.2 : Démarche de détermination des solutions techniques retenues

Tableau 4.1 : Solutions techniques retenues par bloc fonctionnel

Bloc fonctionnel		Solutions techniques
Bloc de chauffage	Production de chaleur	Solaire direct, indirect, mixte, Combustion de gaz domestique Hybride solaire et gaz
	Transfert de chaleur à l'air	Par contact direct entre l'air et la source chaude.
Bloc de séchage	Evacuation de l'air humide autour du produit	Convection naturelle
		Effet cheminée
		Cheminée
		Ventilation électrique
	Mise en contact	Flux d'air traversant les produits
		Flux léchant les produits
		Claies superposées
		Claies étendues

4.2.1.2.2 Analyse de combinaisons de solutions techniques

Les différents séchoirs artisanaux et semi-industriels recensés dans la littérature (revues scientifiques et techniques, base de données de la FAO, rapports d'expertise du CIRAD) et lors de nos enquêtes ont été identifiés et classifiés. L'analyse des différentes combinaisons réalisées révèle des combinaisons fonctionnellement inefficaces que nous avons considérées comme non-permises. C'est l'exemple de la combinaison donnant un séchoir solaire direct à claies superposées. La superposition des claies occulte les produits situés sur les claies inférieures ; ce qui a pour conséquence un rendement faible et même à des pertes de produits. L'analyse des types de mise en contact a permis de retenir celles qui sont fonctionnellement efficaces. L'analyse des séchoirs correspondant à chaque type de solution technique a permis d'identifier parmi toutes les variantes, un ou deux modèles caractéristiques suivant les cas. Le tableau 4.2 présente les différentes configurations retenues.

Tableau 4.2 : Séchoirs résultants des combinaisons de solutions techniques

N°	Type de séchoir	convection	Disposition des claies
1.		naturelle	étendues
2.	Séchoir solaire direct		décalées
3.		cheminée	étendues
4.			décalées
5.		naturelle	étendues
6.			superposées
7.		effet cheminé	étendues
8.	Séchoir solaire indirect		superposées
9.		cheminée	étendues
10.			superposées
11.		convection forcée	étendues
12.			superposées
13.		naturelle	étendues
14.			superposées
15.			étendues
16.		effet cheminé	superposées
17.	Séchoir solaire mixte		décalées
18.		cheminée	étendues
19.			superposées
20.		convection forcée	étendues
21.			superposées
22.		convection naturelle	étendues
23.			superposées
24.		effet cheminé	étendues
25.	Séchoir hybride : solaire		superposées
26.	indirect et gaz	cheminée	étendues
27.			superposées
28.		convection forcée	étendues
29.			superposées
30.		convection naturelle	étendues
31.			superposées
32.		effet cheminé	étendues
33.	Séchoir hybride : solaire mixte		superposées
34.	et gaz	cheminée	étendues
35.			superposées
36.		convection forcée	étendues
37.			superposées
38.		naturelle	superposées
39.	Séchoir à gaz	cheminée	
40.		convection forcée	étendues

4.2.2 Calcul des variables intermédiaires

Les variables intermédiaires sont les grandeurs calculées à partir des données d'entrée et qui ne dépendent pas du type de séchoir. Ce sont des données techniques que ne maîtrisent pas souvent les utilisateurs mais qui permettent de mieux caractériser les données d'entrée utilisateurs. Elles sont ensuite utilisées pour le calcul des indicateurs. Il s'agit du débit évaporatoire et de l'énergie nécessaire au séchage.

Le débit évaporatoire (M_{ev}) exprime la quantité d'eau à évaporer du produit par jour par le séchoir. Il se calcule par la relation (4.1).

$$\dot{M}_{ev} = \frac{m_i}{\Delta t_{cy}}\left(\frac{X_i - X_f}{1 + X_i}\right) \qquad (4.1)$$

Les teneurs en eau initiale (X_i) et finale (X_f) sont renseignées par la base de données, alors que la masse de produit humide journalier (m_i) est calculée par la relation 4.2. Δt_{cy} représente la durée d'un cycle de séchage.

$$m_i = \dot{M}_j \times \eta_{prg} \qquad 4.2)$$

où M_j le débit journalier de produit, et η_{prg} indique le rendement de parage du produit.

L'énergie nécessaire par jour (E_{nec}) pour le séchage est déterminée par la relation 4.3.

$$E_{nec} = \dot{M}_{ev} \times L_V \qquad (4.3)$$

L_v représente la chaleur latente de vaporisation de l'eau.

La surface de capteur nécessaire (S) pour fournir à partir du rayonnement solaire la quantité d'énergie nécessaire (P_n) est donnée par la relation (4.4).

$$S = \frac{P_n}{\eta_s I} \qquad (4.4)$$

Où η_s est le rendement du séchoir, et I l'ensoleillement fourni par la base de données.

Selon la littérature, les rendements des capteurs solaires sont de l'ordre de 26% pour les capteurs sans couvertures transparentes et varient entre 45 à 49% pour ceux munis de couvertures transparentes (Berliner & Brimson, 1988; Zablit & Zimmer, 2001). Avec un rendement d'échange air produit entre 30% et 50% en flux traversant.

133

4.2.3 Détermination des indicateurs des solutions techniques de l'outil

La détermination des indicateurs à considérer pour l'élaboration de l'outil s'est basée sur :

- les résultats de l'analyse des critères de caractérisation des séchoirs faite au chapitre 2 et de la classification qui en est sortie a été faite au paragraphe 3.7
- les critères d'appréciation du cahier des charges fonctionnel définis au chapitre 3 à partir de l'analyse fonctionnelle du besoin.

Des critères issus de ces deux études, qui se rapportent aux données de terrain et à l'application de démarches du génie industriel en conception d'équipement, un brainstorming a permis de faire ressortir les critères les plus importants vis-à-vis d'un utilisateur pour permettre le choix d'une solution technique. Le brainstorming est une séance de travail regroupant les diverses compétences intervenant dans la conception pour faire ressortir toutes les idées et solutions pouvant être envisagées.

Les personnes constituant l'équipe ayant procédé au brainstorming sont membres des équipes de recherche de la Chaire de l'Unesco sur les Energies Renouvelables de l'Université de Lomé (CUER – UL), du Laboratoire d'Automatisme et de génie des procédés de l'Université Claude Bernard de Lyon (LAGEP – UCBL1) et de l'UMR Qualisud du Centre International de Recherche Agronomique pour le Développement (CIRAD).

Les indicateurs concernent des aspects de performance, des aspects économiques, des aspects d'organisation du travail autour du séchoir et des aspects environnementaux et de marketing.

4.2.3.1 Indicateurs de performance

La qualité relative au produit sec, fait référence aux caractéristiques organoleptiques et nutritionnelles du produit sec et au pourcentage de pertes enregistrées.

Les caractéristiques des produits secs sont spécifiées suivant les débouchés. Dans certains cas, comme l'exportation vers les marchés occidentaux, elles sont explicites.

Mais dans d'autres cas, bien qu'il existe des critères d'appréciation, les spécifications ne sont pas clairement définies. Le séchoir conditionnant la qualité du produit, en fonction des solutions techniques utilisées, le produit fini sera destiné à tel ou à tel autre marché. Nous avons donc déterminé les spécifications des différents débouchés identifiés, pour caractériser la qualité des produits séchés au moyen d'une solution technique donnée.

- Exportation : bonne coloration du produit, bonne qualité organoleptique, bonne qualité nutritionnelle.
- Marché local : Assez bonne coloration du produit (légèrement bruni), qualité organoleptique acceptable, qualité nutritionnelle faible à acceptable
- Consommation directe : produit bruni mais consommable, qualité organoleptique réduite, qualité nutritionnelle réduite.

Les produits finis sont considérés comme des pertes quand ils ne peuvent pas être écoulés sur le marché visé. Sa définition est donc relative. Nous avons considéré comme perte : des produits rancis, noircis, pas secs mais pourris, de qualité organoleptique médiocre. La proportion de perte est exprimée sur une échelle de 0 à 3 décrite ci-dessous.

0 pas de pertes

1 pertes insignifiantes (par moment)

2 pertes existantes mais faibles

3 pertes remarquables

4.2.3.2 Indicateurs économiques

La connaissance au stade préliminaire des solutions techniques permet la définition des variables de conception permettant la détermination des indicateurs économiques. La connaissance du débit journalier de produit, du coût de la matière première, du coût du produit sec, des coûts de consommation énergétique et de maintenance permet d'estimer deux indicateurs économiques : le coût d'investissement initial C_{inv} et le coût

135

de séchage C_{sech}. Ces deux indicateurs sont des critères permettant de qualifier la rentabilité du projet envisagé et aideront aux choix de conception.

L'information sur le coût d'investissement initial (C_{inv}) du système à concevoir permet de discriminer les solutions possibles pour ne garder que ceux qui sont rentables et performants. Le calcul des coûts du système va être réalisé à partir des coûts des matériaux. L'exploitation de l'OTé représenté sur la figure 4.9 du chapitre 3, permet de calculer les coûts de chaque entité du séchoir, puis le coût global.

Le coût d'investissement initial C_{inv} exprimé par les relations (4.5 et 4.6).

$$C_{inv} = C_{shc} + C_{mo} + C_{div} + C_a \qquad (4.5)$$

$$C_{inv} = (2,1) \times C_{shc} \qquad (4.6)$$

Ces relation comportent les coûts de construction du séchoir complet, C_{shc} (chambre de séchage, capteur ou foyer de combustion, etc.), les coûts de main d'œuvre C_{mo}, et les prestations diverses, C_{div} (transport, montage, mise en route). Selon Chanrionn (1991), le coût de la main d'œuvre peut être estimé égal au coût de construction du séchoir, et les autres coûts divers à 10% du coût de construction du séchoir.

Le coût de séchage par jour *(C_{sech} en f CFA/j)* est calculé par la relation (4.7).

$$C_{sech} = \left(\frac{C_{inv} + C_{maint} \times \Delta t_{vie}}{\Delta t_{vie} \times N_{j/an}} \right) + C_{enrg} \qquad (4.7)$$

C_{inv} exprimé en f CFA représente le coût d'investissement initial du séchoir ; *C_{maint} en f CFA/an*, le coût de maintenance annuel ; *C_{enrg} en f CFA/j*, la consommation énergétique journalière, *Δt_{vie} en année,* la durée de vie du séchoir et $N_{j/an}$ le nombre moyen de jours d'utilisation par an.

La part *(%C)* du coût de séchage *(C_{sech})* dans la marge bénéficiaire brute *(M_{bb})* est également évaluée et donnée par la relation (4.8).

$$\%C = \frac{C_{sech}}{M_{bb}} \qquad (4.8)$$

4.2.3.3 Indicateurs organisationnels

Ces indicateurs précisent la nature de l'organisation des utilisateurs autour du séchoir et renseigne sur leur nombre et leur niveau d'instruction et de formation. Cette organisation est liée au type de séchoir (mode d'alimentation, système de contrôle, débit de produit séché). Dans le cadre de notre étude, cet indicateur détermine pour un type de séchoir, la fréquence d'intervention de l'utilisateur au cours d'un cycle de séchage. Nous avons identifié à partir des différents types d'organisations existantes, trois types de fréquences d'interventions structurants par rapport aux solutions techniques retenues et permettant de caractériser l'organisation du séchage.

- Deux interventions par cycle pour charger et décharger le séchoir. les solutions techniques conduisant à ce type de fonctionnement sont peu exigeantes vis-à-vis des utilisateurs. Aucun niveau d'instruction n'est nécessaire, ni la permanence sur le site de séchage.
- Quelques interventions ponctuelles au cours du cycle de séchage (en plus du chargement et du déchargement), pour brasser les produits ou permuter les claies afin de permettre un séchage homogène des produits mis dans le séchoir. Pour les solutions techniques demandant cette organisation des utilisateurs, il requiert une certaine disponibilité au cours du séchage. Les utilisateurs de tels séchoirs devront en outre avoir aussi quelques notions sur le fonctionnement du séchoir pour savoir comment et quand permuter les claies en fonction du produit qui est mis à sécher.
- Des interventions programmées et régulières pour contrôler la conduite du séchage (température et humidité de l'air de séchage par exemple). Des trois types d'intervention, celle-ci renvoie à l'organisation la plus exigeante par rapport à l'utilisateur. Elle demande une plus grande disponibilité de l'utilisateur du séchoir, des notions précises et plus élevées sur le procédé de séchage (cinétique de séchage, diagramme de l'air humide, etc.).

4.2.3.4 Indicateurs environnementaux et de marketing

Ces indicateurs concernent l'environnement autour du séchoir. Ils font ressortir l'influence de cet environnement sur le bon fonctionnement du séchoir. Il s'agit par exemple de la surface au sol nécessaire pour l'installation du séchoir, du besoin en énergie du séchoir par kg de produit sec qui fait appel à la disponibilité locale du type d'énergie utilisée. C'est également au niveau de cet indicateur qu'est renseigné l'impact du séchoir sur l'environnement. Cet aspect n'est pas encore pris en compte dans la version actuelle de l'outil. Il s'agit de l'impact visuel, olfactif, auditif que peut avoir le séchoir sur son environnement et aussi la masse en CO_2 que représentent la réalisation et l'utilisation du séchoir.

Nous précisons dans cette étude, pour chaque solution technique, la surface au sol nécessaire, le type d'énergie utilisée et la quantité nécessaire pour avoir un kg de produit sec.

4.2.4 Procédé de calcul pour quelques solutions techniques
4.2.4.1 Séchoirs solaires directs type serre

4.2.4.1.1 Description du séchoir

Un séchoir serre est un séchoir direct recouvert d'un film en polyéthylène transparent. Les modèles de conception que nous proposons sont dimensionnés de façon standard sur la largeur en fonction des matériaux disponibles localement, notamment les barres de fer.

La serre est montée à partir d'une ½ ellipse de grand rayon *a* et de petit rayon *b*.

Le périmètre de l'ellipse est donné par la relation (4.9), et la surface par la relation (4.10).

$$P = 2\pi.((a^2+b^2)/2)^{1/2} \qquad (4.9)$$

$$A = \pi ab \qquad (4.10)$$

Dans le sens de la longueur, six rangées de claies avec trois allées sont prévues suivant la présentation de la figure 4.3.

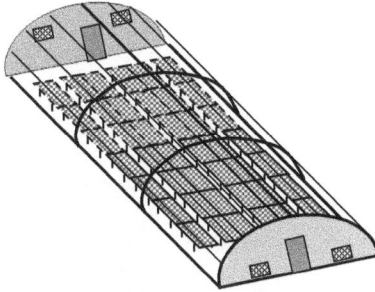

Figure 4.3 : Représentation d'une serre

Les dimensions sont de :

- Largeur des claies l_{cl} = 0,8 m.
- Largeur de l'allée de passage l_{al} = 0,5 m.
- Les claies sont disposées à 0,05 m de la bordure de la serre.
- La largeur de la serre est alors égale à l_e = 6,4 m.
- Le grand rayon de la serre est a = l_e/2 = 3,2 m.
- Le petit rayon est : b = h_e = 2,5 m.

4.2.3.1.2 Détermination des dimensions des composants de la serre

➤ La surface au sol (S_s).

La longueur des claies (L_{cl}) est de 1 m, ce qui donne une surface de claie de 0,8 m². Pour une longueur unité de serre, La surface totale de claies (S_{Tcl}) est six fois la surface (S_{cl}) d'une claie. La surface au sol (S_s) nécessaire pour une serre de longueur (L_e) est déterminée par Les relations (4.11a) et (4.11b).

$$S_s = 6S_{cl} + 3S_{al} + 2S_{ext} \qquad (4.11a)$$

$$S_s = 6,4L_e \qquad (4.11b)$$

Où S_{al} indique la surface des allées et S_{ext} la surface entre les claies et les bordures de la serre.

En divisant la surface au sol (S_s) par la surface totale de claie (S_{Tcl}), on obtient le rapport surfacique r_s décrit par les relations (4.12a et 4.12b) qui est de 1,33. r_s permettra de calculer la surface au sol à partir de la surface de capteur déterminée par la relation (4.4).

$$r_s = S_s / S_{Tcl} \qquad (4.12a)$$

$$r_s = \frac{6S_{cl} + 3S_{al} + 2S_{ext}}{6S_{cl}} \qquad (4.12b)$$

> La longueur totale de tube d'acier (L_{TA})

La structure de la serre est réalisée à partir de tube creux en acier. La longueur de tube ($L_{TA,f}$) utilisée pour les faces de la serre est donnée par la relation (4.13).

$$L_{TA,f} = \pi \sqrt{\frac{1}{2}\left((l_e/2)^2 + h_e^{\;2}\right)} + l_e + \frac{8}{5} h_e \qquad (4.13)$$

Une barre d'acier dans le commerce mesure 6 m de long. 3 barres entières permettront alors de réaliser la structure d'une face. La structure en arc est répétée à chaque mètre tout au long de la serre. Pour une serre de longueur L_e, il y aura au total $L_e + 1$ arcs y compris les faces. La longueur totale d'arc sur la serre (L_{arc}) est donnée par la relation (4.14).

$$L_{arc} = \left[\pi \sqrt{\frac{1}{2}\left((l_e/2)^2 + h_e^{\;2}\right)}\right] \times (L_e + 1) \qquad (4.14)$$

> La longueur des tubes longitudinaux est donnée par la division entière de la surface au sol (S_s) par la largeur (l_e) fixée de la serre (4.15).

$$L_e = \frac{S_s}{l_e} \qquad (4.15)$$

La longueur de tube d'acier prévue sur la structure longitudinale de la serre est de trois fois la longueur de la serre. La longueur totale de tube d'acier (L_{TA}), pour la serre est donnée par (4.16).

$$L_{TA} = L_{arc} + 3L_e \qquad (4.16)$$

➢ La longueur de fil de fer enrobé (L_{ff})

Le fil de fer enrobé permet de soutenir et de tendre le film en polyéthylène. Il est fixé longitudinalement à chaque 0,5 m sur les arcs. Sa longueur (L_{ff}) est donnée par la relation 4.17.

$$L_{ff} = 2\pi L_e \sqrt{\left(\left(l_e/2\right)^2 + h_e^{\,2}\right)/2} \qquad (4.17)$$

➢ La surface de la couverture transparente (S_{ct})

Elle est calculée par l'équation (4.18).

$$S_{ct} = \pi L_e \sqrt{\left(\left(L_e/2\right)^2 + h_e^{\,2}\right)/2} + \left(\pi/2\right)h_e \cdot l_e \qquad (4.18)$$

➢ Le nombre total des claies (N_{cl})

Il est égal à six fois la longueur (L_e) de la serre (4.19).

$$N_{cl} = 6L_e \qquad (4.19)$$

➢ Le nombre de cornière total utilisé (N_c)

Les claies de longueur (L_{cl}) et de largeur (L_{cl}) sont conçues pour être à une hauteur $h_{cl} = 0,5$ m du sol. La longueur totale de cornière (L_c) pour les claies de la serre est donnée par la relation (4.20).

$$L_c = N_{cl}\left(2L_{cl} + 3l_{cl} + 4h_{cl}\right) \qquad (4.20)$$

Le nombre de cornière total utilisé (N_c) se déduit donc à partir de l'équation (4.21).

$$N_c = L_c / L_{c,u} \qquad (4.21)$$

$L_{c,u}$ étant la longueur d'une unité de cornière.

141

➤ La surface totale de grillage (S_g) pour les claies

Cette surface est calculée par la relation (4.22).

$$S_g = N_{cl} S_{cl} \qquad (4.22)$$

4.2.3.1.3 Calcul des coûts

➤ Le coût de la couverture (C_{ct}) est donné par la relation (4.23)

$$C_{ct} = S_{ct} \cdot P_{ct} \qquad (4.23)$$

S_{ct} *et* P_{ct}, indique respectivement la surface et le prix du m² de couverture transparente.

➤ Coût des claies (C_{cl})

Le coût des cornières (C_c), entrant dans la réalisation des claies est calculé à partir de (4.24). Celui du grillage (C_g) est déterminé par la relation (4.25).

$$C_c = N_c \cdot P_c \qquad (4.24)$$

$$C_g = N_{cl} S_{cl} P_g \qquad (4.25)$$

P_c et P_g indiquent respectivement le prix de la cornière par mètre et du grillage par m². Le coût total des claies du séchoir est alors évalué à l'aide de la relation (4.26).

$$C_{cl} = C_g + C_c \qquad (4.26)$$

➤ Coût de la surface de base en béton

Ce coût est déterminé par la relation (4.27) où P_b désigne le coût de réalisation d'un m² de surface en béton.

$$C_b = S_b \cdot P_b \qquad (4.27)$$

Avec S_b la surface de base calculée par la relation (4.28)

$$S_b = L_e \cdot l_e \qquad (4.28)$$

➤ Coût de la structure en acier de la serre

Par la relation (4 .29), est déterminé en premier la masse totale de la structure d'acier utilisée (M_{TA}) en multipliant le volume des tubes d'acier par la masse volumique (ρ_A) de l'acier.

$$M_{TA} = \pi \times L_{TA} \left((r_{ext})^2 - (r_{int})^2 \right) \times \rho_A \qquad (4.29)$$

Où L_{TA} désigne la longueur totale de tube d'acier utilisée calculé par la relation (4.16). r_{ext} et r_{int} indiquent respectivement les rayons extérieur et intérieur des tubes.

La masse obtenue est ensuite multipliée par le prix (P_A) du kg d'acier par la relation (4.30), pour obtenir le coût de la structure en acier utilisé.

$$C_A = M_{TA} \times P_A \qquad (4.30)$$

Coût de fil de fer

Le coût du fil de fer utilisé pour tendre la couverture transparente de la serre est calculé par la relation (4.31) en multipliant la longueur totale de fil utilisée (L_{ff}) par le prix d'un mètre de fil de fer (P_{ff}).

$$C_{ff} = L_{ff} \times P_{ff} \qquad (4.31)$$

4.2.3.1.4 Détermination des indicateurs

➤ Surface au sol nécessaire

Elle s'obtient par la relation (4.32) en multipliant la surface (S), obtenue à partir de la relation (4.4), par le rapport surfacique r_s.

$$S_n = r_s \cdot S_{dir} \qquad (4.32)$$

➤ Coût d'investissement pour un séchoir serre

Il regroupe l'ensemble des coûts de tous les matériaux nécessaires à la réalisation du séchoir. Il est donné par la relation (4.33)

$$C_{inv} = C_{ct} + C_{cl} + C_b + C_A + C_{ff} \qquad (4.33)$$

➤ Coût de séchage par kg de produit sec et par jour

Le coût de séchage inclut le coût d'investissement initial, le coût de maintenance et le coût de fonctionnement du séchoir.

Pour la maintenance du séchoir, il est prévu :

- Un remplacement du grillage en métal chaque deux ans pour les claies
- Un remplacement de la couverture en polyéthylène chaque 5 ans
- La durée de vie du séchoir est estimée à un minimum de 10 ans.

L'estimation du coût de maintenance pour les claies par an est donc donnée par la relation (4.34).

$$C_{m,cl} = 0{,}5 \times C_{cl} \qquad (4.34)$$

L'amortissement de la couverture en polyéthylène est donné par la relation (4.35).

$$C_{m,ct} = 0{,}5 \times C_{ct} \qquad (4.35)$$

Le coût de maintenance total du séchoir par an se déduit alors par la relation (4.36).

$$C_m = C_{m,cl} + C_{m,ct} \qquad (4.36)$$

Pour le séchoir solaire type serre, le coût de fonctionnement est supposé nul.

Le coût de séchage en *f CFA/kg* de produit sec est alors donné par la relation (4.38).

$$C_s = \frac{1}{m_{ps}} \left(\frac{C_{inv}}{\Delta t_{vie} \times N_{jr}} + \frac{C_m}{N_{jr}} + C_f \right) \qquad (4.38)$$

4.2.3.2 Calcul des indicateurs pour les séchoirs solaires indirects à claies superposées

4.2.3.2.1 Présentation du séchoir solaire indirect à claies superposées

Ce type de séchoir est constitué d'une structure en bois. La couverture transparente du capteur est prévue en verre. La figure 4.3 donne une représentation du séchoir.

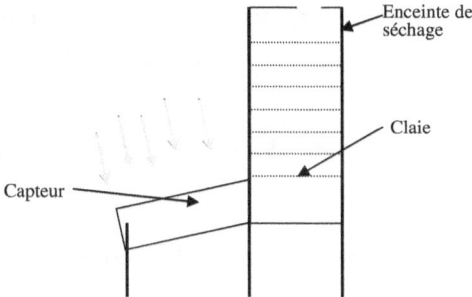

Figure 4.3 : Schéma d'un séchoir solaire indirect à claies superposées

4.2.3.2.2 Dimension des capteurs des modèles de séchoirs indirects

En fonction des caractéristiques des matériaux locaux sur le marché, nous avons dimensionné des modèles de séchoir suivant le débit de produit introduit par l'utilisateur. Les plaques de verre disponibles ont des dimensions de (1,22 mm x 0,90 mm) et (2,44 mm x 1,22 mm).

Pour déterminer la longueur maximale du capteur, nous fixons la hauteur de l'enceinte de séchage par rapport au sol. Pour des raisons ergonomiques, la première claie de l'enceinte de séchage est fixée à 1 m au-dessus du sol. L'épaisseur du capteur (e_c) étant évaluée à 0,15 m, la base de la chambre de séchage devra être à la hauteur h_e = 0,85 m.

Le capteur étant incliné d'un angle α par rapport au sol de sorte à recevoir les rayons solaires perpendiculairement (α = 10° en moyenne pour le Togo). La longueur du capteur à dimensionner pour atteindre h_e avec une inclinaison de α est donnée par la relation (4.39).

$$L = \frac{0,85}{Sin(10°)} = 4,89 \qquad (4.39)$$

La longueur maximale du capteur L_{cp} est alors de 4,89 m. Ce qui correspond à deux plaques de verre de 1,22 m de largeur ou à 4 plaques de 0,9 m de largeur.

Les différents modèles de capteurs correspondant aux séchoirs à dimensionner sont donnés par le tableau 4.3. Pour les faibles débits de produits, conduisant à des surfaces de capteur inférieures à 4,39 m², nous considérons les modèles 1 ; 2 ; 3 ou 4, en dimensionnant les pieds du capteur de sorte à atteindre la hauteur voulue. Mais pour les débits plus importants nécessitant une surface supérieure ou égale à 4,39 m², les modèles 5 ou 6 ou leur multiple sont considérés.

Tableau 4.3 : Dimensions des capteurs des modèles de séchoirs indirects

N° du modèle	Représentation	Largeur (m)	Longueur (m)	Surface (m²)
1		0,9	1,22	$S_x = 1,09$
2		0,9	2,44	$2.S_x = 2,19$
3		1,22	2,44	$S_y = 2,98$
4		0,9	3,66	$3.S_x = 3,29$
5		0,9	4,88	$4.S_x = 4,39$
6		1,22	4,88	$2.S_y = 5,95$

Pour déterminer le type de module à conserver, on compare le reste de la division de S_n par S_x et le reste de la division de S_n par S_y. Le modèle correspondant au reste le plus petit est celui à conserver. Pour les surfaces de valeurs supérieures à 4,39 m², les modules 5 et 6 sont considérés. Le nombre de module est déterminé par la division entière de S_n par S_x ou S_y selon le cas retenu.

➤ Dimension des claies

Les produits dans le séchoir sont disposés en couche d'épaisseur e_p sur des claies en grillage avec des rebords en bois d'épaisseur e_r = 2 cm et de largeur l_r= 4 cm.

Pour permettre une manipulation aisée des claies par l'utilisateur, leurs dimensions sont de :

- longueur : L_{cl} = 1 m ;
- largeur : l_{cl} = 0,6 m pour S_y et l_{cl} = 0,9 m pour S_x.

On obtient donc pour une claie d'un séchoir des modèle 3 ou 5, une surface $S_{cl,y}$ = 0,6 m² et pour les autres modèles, $S_{cl,x}$ = 0,9 m²

Le nombre total de claies N_{cl} dans le séchoir est obtenu par la relation (4.40).

$$N_{cl} = \frac{m_i}{m_{sp} S_{cl} e_p} \tag{4.40}$$

où m_{sp} est la masse spécifique des produits en kg/m³ et e_p l'épaisseur de la couche de produit.

La longueur totale des rebords pour toutes les claies du séchoir $L_{r,cl}$ est déterminée par (4.41). La relation (4.42) permet de calculer le nombre $N_{p,cl}$ de planches pouvant servir à réaliser ces rebords.

$$L_{r,cl} = N_{cl}\left(2L_{cl} + 3l_{cl}\right) \tag{4.41}$$

$$N_{p,cl} = \frac{L_{r,cl}}{L_{rcl,p}} \tag{4.42}$$

où $L_{rcl,p}$ désigne la longueur de rebord par planche de bois dans le commerce.

➤ Estimation de la surface en contreplaqué utilisé

Les parois du séchoir sont prévues en contreplaqué. Le calcul de la surface des parois est décrit ci-dessous.

La surface latérale du séchoir indirect S_l, comprenant celles du capteur S_{lc} et de l'enceinte de séchage S_{le}, calculées respectivement par les relations (4.43 et 4.44), est donnée par la relation (4.45).

$$S_{lc} = 2 \times e_c L_{cp} \tag{4.43}$$

$$S_{le} = 2 \times d_{cl} L_e \left(N_{cl} - 1 \right) \tag{4.44}$$

$$S_l = S_{lc} + S_{le} \tag{4.45}$$

e_c représente l'épaisseur du capteur et d_{lc} la distance entre les claies.

Les surfaces avant et arrière correspondant aux profils de la figure 3 sont déterminées par la relation (4.46).

$$S_{fd} = 2l_e d_{cl} \left(N_{cl} - 1 \right) - e_c l_e \tag{4.46}$$

Les surfaces en-dessous et au-dessus du séchoir S_{hb}, comprenant celles du capteur $S_{hb,c}$ et de l'enceinte de séchage $S_{hb,e}$ calculées respectivement par les relations (4.47 et 4.48), sont déterminées par la relation (4.49).

$$S_{hb,c} = L_{cp} \cdot l_{cp} \tag{4.47}$$

$$S_{hb,e} = 2L_e \cdot l_e \tag{4.48}$$

$$S_{hb} = S_{hb,c} + S_{hb,e} \tag{4.49}$$

La surface totale réalisée en contre-plaqué S_{cp} est alors donnée par la relation (4.50).

$$S_{cp} = S_l + S_{fd} + S_{hb} \tag{4.50}$$

> Estimation de la quantité de planche de bois

Des renforts de 2 cm d'épaisseur *(er)* et 4 cm de largeur *(lr)* sont utilisés pour la structure du séchoir en vue de servir de support aux claies et soutenir les plaques de verres.

La longueur totale de renfort par planche de bois standard *(Lr,p)* est déterminée par la relation (4.51).

$$L_{r,p} = L_p \frac{l_p}{l_r} \tag{4.51}$$

L'épaisseur des renforts est la même que celle de la planche. L_p, et l_p sont respectivement la longueur et largeur de la planche de bois.

Sur le capteur, des renforts sont disposés horizontalement et verticalement pour soutenir les plaques de verre. Horizontalement, des renforts longs de l_{cp} et distants de 1,22 m permettent de soutenir les plaques de verre sur la longueur L_{cp} du capteur. Sur les modèles 5 et 6 du tableau 4.3 par exemple, on comptera 3 renforts horizontaux. Verticalement, les renforts longs de L_{cp} sont placés à mi-largeur et à la limite des plaques. Dans l'épaisseur du capteur, des renforts longs de e_c, sont également prévus horizontalement à mi-largeur et à la limite des plaques de verre et verticalement à des distances de 1,22 m les uns des autres. La longueur totale de renfort utilisé sur le capteur $L_{tr,c}$ est déterminée à partir de la relation (4.52) où N_m désigne le nombre des modèles du tableau 4.3 juxtaposés.

$$L_{tr,c} = \left(\frac{L_{cp}}{1,22} - 1\right)l_{cp} + (2N_m - 1) \times \left(L_{cp} + \left(\frac{L_{cp}}{1,22} - 1\right) \cdot e_c\right) \tag{4.52}$$

Au niveau de l'enceinte de séchage, les renforts sont prévus pour soutenir les claies et renforcer sa structure. La longueur des renforts $(L_{tr,e})$ est calculée par la relation (4.53).

$$L_{tr,e} = L_e\left[N_m\left(N_{cl} - 1\right) + 4\right] + 5l_e \tag{4.53}$$

La longueur totale de renforts (L_{tr}) sur le séchoir est donnée par la relation (4.54).

$$L_{tr} = L_{tr,c} + L_{tr,e} \qquad (4.54)$$

Le nombre de planches de bois utilisées (N_p) est déterminé alors par la relation (4.55).

$$N_p = \frac{L_{tr}}{L_{r,p}} \qquad (4.55)$$

➢ Longueur totale de chevrons utilisés

Elle est donnée par la relation (4.56)

$$L_{ch} = 2(N_m + 1)\left[h_e + h_b + d_{cl}\left(N_{cl} - 1\right)\right] \qquad (4.56)$$

Comme précédemment pour les planches de bois et les renforts, le nombre de chevrons utilisés est donné par le rapport de la longueur totale de chevrons utilisés par la longueur d'une unité de chevron telle que vendue dans le commerce (4.57).

$$N_{ch} = \frac{L_{ch}}{L_{ch,u}} \qquad (4.57)$$

➢ La peinture à huile pour la protection du bois contre l'humidité

La détermination de la surface à peindre sur le capteur $S_{pt,c}$, est donnée par la relation (4.58), celle de l'enceinte de séchage $S_{pt,e}$, par la relation (4.59) et celle sur les pieds du séchoir $S_{pt,ch}$, déterminée par la relation (4.60). La somme de ces surfaces donne S_{pt} la surface extérieure totale à peindre. Elle est exprimée par la relation (4.61).

$$S_{pt,c} = 2\left(e_c \cdot L_{cp}\right) \qquad (4.58)$$

$$S_{pt,e} = 2d_{cl}\left(N_{cl} - 1\right)\left(L_e + l_e\right) + l_e\left(L_e - e_c\right) \qquad (4.59)$$

$$S_{pt,ch} = 2\left[h_b + 2(h_b + h_e)\right]\left(N_m + 1\right)\left(L_{ch} + l_{ch}\right) \qquad (4.60)$$

$$S_{pt} = S_{pt,c} + S_{pt,e} + S_{pt,ch} \qquad (4.61)$$

4.2.3.2.3 Détermination des coûts des matériaux

> Coût de la couverture

Le coût de la couverture transparente (C_{ct}) est donné en la relation (4.62).

$$C_{ct} = S_{ct} \cdot P_{ct} \tag{4.62}$$

Où P_{ct} est le prix de la plaque de verre ramenée au m².

> Coût de la tôle

Le coût de la tôle devant servir d'absorbeur et de la peinture nécessaire (C_{ab}) est déterminé par la relation (4.63).

$$C_{ab} = S_{ct} \left(P_t + P_{pt,n} \right) \tag{4.63}$$

Où P_t et $P_{pt,n}$ désignent respectivement le prix de la tôle et de la peinture ramené au m².

> Coût des claies

Le coût des claies C_{cl}, est constitué du coût du grillage (4.64) et du coût des rebords (4.65). Il est exprimé par la relation (4.66).

$$C_g = N_{cl} S_{cl} P_g \tag{4.64}$$

$$C_{r,cl} = N_{p,cl} \times P_p \tag{4.65}$$

$$C_{cl} = C_g + C_{r,cl} \tag{4.66}$$

P_g et P_p désignent respectivement le prix du m² de grillage et d'une planche de bois.

> Coût de bois

Le coût du contreplaqué utilisé est donné par la relation (4.67).

$$C_{cp} = S_{cp} \times P_{cp} \tag{4.67}$$

P_{cp} étant le prix du contre-plaqué ramené au m².

Le coût des planches de bois C_p, est obtenu par le produit du nombre de planches utilisé N_p, et du prix d'une planche P_p (4.68).

$$C_p = N_p P_p \qquad (4.68)$$

Le coût de chevron utilisé est calculé par le produit du nombre de chevron utilisé N_{ch}, par le prix d'une planche P_{ch} (4.69).

$$C_{ch} = N_{ch} P_{ch} \qquad (4.69)$$

➤ Coût de la peinture

Le coût C_{pt} de la peinture du bois pour la protection du séchoir qui est prévu pour être installé à l'extérieur est donné par la relation (4.70).

$$C_{pt} = S_{pt} P_{pt} \qquad (4.70)$$

P_{pt} est le prix de la peinture au m².

4.2.3.2.4 Détermination des indicateurs

Les indicateurs : surface au sol nécessaire S_n et le coût d'investissement initial C_{inv} sont calculés par les relations (4.71 et 4.72) respectivement.

➤ Surface au sol nécessaire

$$S_n = \left(\frac{L_{cp}}{\cos(10°)} + L_e \right) \cdot l_e \qquad (4.71)$$

➤ Calcul du coût d'investissement pour un séchoir indirect

$$C_{inv} = 2{,}1 \times \left(C_{ct} + C_g + C_{ab} + C_{cp} + C_p + C_{ch} + C_{pt} \right) \qquad (4.72)$$

➤ Coût de séchage par kg de produit sec par jour

Le coût de séchage inclut le coût d'investissement initial, le coût de maintenance et le coût de fonctionnement du séchoir.

Pour la maintenance du séchoir, il est prévu :

- Un remplacement du grillage en métal chaque deux ans pour les claies
- Un renouvellement de la peinture chaque année

- Un remplacement de la couverture en verre chaque 10 ans pour le capteur

La durée de vie du séchoir est estimée à un minimum de 10 ans.

L'estimation du coût de maintenance pour les claies par an est donc donnée par la relation (4.73).

$$C_{m,cl} = 0,5 \times C_{cl} \tag{4.73}$$

L'amortissement de la couverture en verre et le coût de maintenance de la peinture du séchoir sont donnés respectivement par les relations (4.74 et 4.75).

$$C_{m,ct} = 0,1 \times C_{ct} \tag{4.74}$$

$$C_{m,pt} = C_{pt} + P_{pt,n} \times S_{ct} \tag{4.75}$$

Le coût de maintenance total du séchoir par an se déduit alors par la relation (4.76).

$$C_m = C_{m,cl} + C_{m,ct} + C_{m,pt} + C_{m,ab} \tag{4.76}$$

Pour le séchoir solaire indirect le coût de fonctionnement est quasi nul.

Le coût de séchage en $f\,CFA/kg$ de produit sec est alors donné par la relation (4.77).

$$C_s = \frac{1}{m_{ps}} \left(\frac{C_{inv}}{\Delta t_{vie} N_{jr}} + \frac{C_m}{N_{jr}} + C_f \right) \tag{4.77}$$

4.2.3.3 Calcul pour les séchoirs solaires mixtes à claies étendues et superposées

4.2.3.3.1 Présentation du séchoir solaire mixte à claies étendues et superposées

Comme défini au chapitre 2, le séchoir solaire mixte est un séchoir muni d'un capteur solaire et dans lequel les produits dans la chambre de séchage sont exposés au rayonnement direct. Les claies superposées permettent un fonctionnement en contre-courant. Les produits commencent à sécher sur la claie supérieure au contact d'un air plus humide ayant déjà traversé la claie inférieure ; puis ils continuent et finissent de sécher sur la claie inférieure au contact d'un air plus chaud et sec. Le mode de fonctionnement permet de saturer l'air de séchage en utilisant pleinement son pouvoir évaporatoire. Ce modèle a également l'avantage par rapport au séchoir chambre de permettre de sécher plus de produits.

La figure 4.4 donne une illustration du séchoir mixte à claies décalées.

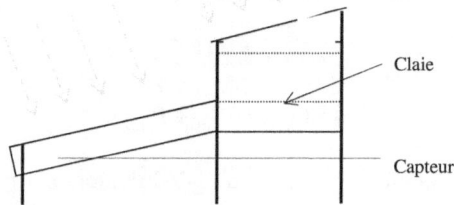

Figure 4.4 : Séchoir mixte à claies décalées

4.2.3.3.2 Détermination des dimensions du séchoir mixte

A partir de la surface nécessaire (S), la surface du capteur direct (S_{dir}) est donnée par la relation (4.78) et celle du capteur indirect (S_{ind}) par la relation (4.79) en soustrayant la surface directe de la surface totale nécessaire.

$$S_{dir} = \frac{m_i}{2e_p m_{sp}(\cos(\alpha))} \qquad (4.78)$$

m_i la masse de produit humide à sécher, e_p l'épaisseur des produits disposés sur les claies, m_{sp} la masse spécifique des produits en kg/m^3 et α l'angle d'inclinaison du capteur indirect.

$$S_{ind} = S - S_{dir} \qquad (4.79)$$

L'enceinte de séchage étant liée au capteur direct, ses dimensions conditionnent celles de ce dernier. Pour des raisons d'ergonomie, la longueur de l'enceinte de séchage L_e est fixée à 0,9 m. Cette donnée permet de déterminer la largeur de l'enceinte l_e de séchage par la relation (4.80).

$$l_e = \frac{S_{dir}}{L_e}\left(\cos(\alpha)\right) \tag{4.80}$$

Sachant qu'on a l'égalité de la relation (4.81), la largeur du capteur (l_{cp}) , sera égale à la largeur du modèle de capteur du tableau 4.3 directement supérieure à l_e.

$$l_{cp} = l_e \tag{4.81}$$

On en déduit alors la longueur du capteur (L_{cp}) à partir du tableau 4.3.

La surface totale de capteur à installer est alors donnée par la somme de la surface de capteur direct (4.82) et de la surface de capteur indirect (4.83) recalculée à partir des dimensions des matériaux disponibles. Elle est donnée par la relation (4.84).

$$S_{dir} = L_e \times l_e \tag{4.82}$$

$$S_{ind} = L_{cp} \times l_{cp} \tag{4.83}$$

Avec $l_{cp} = l_e$

$$S_{ct} = S_{dir} + S_{ind} = l_e\left(L_{cp} + L_e\right) \tag{4.84}$$

➢ Surface des claies

Selon que l'on utilise le capteur indirect des plaques de verre de (1,22 mm x 0,90 mm), les dimensions des claies seront L_{cl} = 0,9 m et l_{cl} = 0,9 m ou des plaques de verre de (2,44 mm x 1,22 mm), les dimensions des claies seront : L_{cl} = 0,9 m et l_{cl} = 0,6 m.

S_{cl} étant la surface d'une claie, le nombre de claies N_{cl}, La longueur des rebords et le nombre de planche ayant servi pour toutes les claies sont déterminés de la même façon que dans le cas du séchoir indirect.

➢ Estimation de la surface en contre-plaqué utilisé

Surface latérale du séchoir indirect

La surface latérale du capteur et de l'enceinte de séchage se calcule tout comme dans le cas du séchoir solaire indirect, respectivement par les relations (4.85 et 4.86).

$$S_{lc} = 2 \times e_c L_{cp} \tag{4.85}$$

$$S_{le} = 2L_e \left[(e_c + 2d_{cl}) + (L_e/2)\tan(\alpha) \right] \tag{4.86}$$

Où e_c désigne l'épaisseur du capteur et d_{cl}, la distance entre deux claies superposées

Surface latéral S_l est déduite donc par la relation (4.87)

$$S_l = S_{lc} + S_{le} \tag{4.87}$$

Les surfaces avant et arrière au niveau de l'enceinte de séchage sont déterminées par la relation (4.88)

$$S_{fd} = l_e \left(e_c + 4d_{cl} + L_e \tan(\alpha) \right) \tag{4.88}$$

Les surfaces en-dessous du capteur ($S_{hb,c}$) et de l'enceinte de séchage ($S_{hb,e}$) sont calculées par les relations (4.89 et 4.90). La surface de contreplaqué en-dessous du séchoir (S_{hb}) est donnée par la relation (4.91).

$$S_{hb,c} = L_{cp} \cdot l_{cp} \tag{4.89}$$

$$S_{hb,e} = l_e \times L_e \tag{4.90}$$

$$S_{hb} = S_{hb,c} + S_{hb,e} \tag{4.91}$$

La surface totale en contreplaqué (S_{cp}) utilisé pour le séchoir solaire mixte est alors obtenue par la relation (4.92)

$$S_{cp} = S_l + S_{fd} + S_{hb} \tag{4.92}$$

➢ Estimation de la quantité de bois utilisée et de son coût

La longueur totale de renfort par planche de bois est déterminée comme dans le cas du séchoir indirect. Au niveau du capteur, la longueur totale de renforts ($L_{tr,c}$) est donnée par la relation (4.93) et au niveau de l'enceinte de séchage, ($L_{tr,e}$) est donnée par la relation (4.94).

$$L_{tr,c} = \left(\frac{L_{cp}}{1,22} - 1\right) \times l_{cp} + (2N_m - 1) \times \left(L_{cp} + \left(\frac{L_{cp}}{1,22} - 1\right) \cdot e_c\right) \qquad (4.93)$$

$$L_{tr,e} = L_e\left[N_m(N_{cl} - 1) + 4\right] + 5l_e \qquad (4.94)$$

Où N_m et N_{cl} sont respectivement le nombre de module et le nombre de claies du séchoir

La relation (4.95) donne la longueur totale de renforts (L_{tr}) utilisés sur le séchoir.

$$L_{tr} = L_{tr,c} + L_{tr,e} \qquad (4.95)$$

Cette longueur correspond à un nombre de planches de bois déterminé par la relation (4.96).

$$N_p = \frac{L_{tr}}{L_{r,p}} \qquad (4.96)$$

$L_{r,p}$ désigne longueur de rebord obtenue par planche de bois.

➤ Longueur totale (L_{ch}) de chevron utilisée

Elle est donnée par la relation (4.97):

$$L_{ch} = 2(N_m + 1) \times \left[h_e + h_b + d_{cl} \times (N_{cl} - 1)\right] \qquad (4.97)$$

N_m désigne le nombre de module du séchoir, h_e la hauteur de l'enceinte de séchage, h_b la hauteur de la base du capteur par rapport au sol, d_{cl} la distance entre les claies et N_{cl} le nombre de claies.

Comme précédemment pour les planches de bois et pour les renforts, le nombre de chevrons utilisé (N_{ch}) est donné par la relation (4.98).

$$N_{ch} = \frac{L_{ch}}{L_{ch,u}} \qquad (4.98)$$

$L_{ch,u}$ est la longueur d'un chevron.

➤ La peinture pour la protection du séchoir contre l'humidité

La surface à peindre au niveau du capteur $S_{pt,c}$, est déterminée par la relation (4.99).

$$S_{pt,c} = 2(e_c \cdot L_{cp})$$ (4.99)

Celle de l'enceinte de séchage $S_{pt,e}$, par la relation (4.100) et celle des pieds du séchoir $S_{pt,ch}$, par la relation (4.101).

$$S_{pt,e} = 2d_{cl} \times (N_{cl} - 1) \times (L_e + l_e) + l_e \times (L_e - e_c)$$ (4.100)

$$S_{pt,ch} = 2[h_b + 2(h_b + h_e)] \times (N_m + 1) \times (L_{ch} + l_{ch})$$ (4.101)

La surface extérieure totale à peindre S_{pt}, est exprimée par la relation (4.102).

$$S_{pt} = S_{pt,c} + S_{pt,e} + S_{pt,ch}$$ (4.102)

4.2.3.3.3 Détermination du coût des matériaux et des indicateurs

Le coût des matériaux et l'évaluation des indicateurs quantitatifs sont déterminés de la même façon que pour le séchoir indirect.

4.3 Résultats

4.3.1 Présentation des données d'entrées utilisateur

Les données d'entrées de l'outil sont présentées dans le tableau 4.4, en précisant celles fournies par l'utilisateur et celles fournies par la base de données.

Tableau 4.4 : Les entrées de l'outil

Entrée	Symbole	Unité	Fournie par le demandeur séchoirs	Fournie par la base de données
Produit				
Désignation (nom)			☑	☒
Débit journalier	m	kg/j	☑	☒
Teneur en eau initiale	X_i	% (bs)	☒	☑
Teneur en eau finale	X_f	% (bs)	☒	☑
Masse spécifique du produit	m_{sp}	kg/m³	☒	☑
Forme produit			☑	☑
Epaisseur de la couche de produit		m	☑	☑
Condition climatiques				
Zone de séchage			☑	☒
Période dans année		mois	☑	☒
Ensoleillement	I	kJ/m².j	☒	☑
Température de l'air ambiant	T_a	°C	☒	☑
Humidité de l'air ambiant	HR_a	%	☒	☑
Marché				
Prix produit frais	P_{pf}	f CFA/kg	☑	☒
Prix produit sec	P_{ps}	f CFA/kg	☑	☑
Utilisation finale (débouché)			☑	☒
Environnement socio-technico-économique				
Main d'œuvre utilisateur				
Compétence			☒	☑
Main d'œuvre fabrication/réparation				
Coût réparation		f CFA	☒	☑
Matériaux/pièces				
Coût		f CFA	☒	☑

Légende tableau 4.4
bs : base sèche   ☑ : OUI   ☒ : NON

159

4.3.2 Présentation de la base de données

4.3.2.1 Données sur les produits

La base de données concernant les produits rassemble des données sur 22 produits :

- des céréales : maïs, mil, sorgho, riz
- des tubercules : igname, manioc
- des fruits : banane, mangue, ananas, papaye
- des légumes : tomate, piments, poivron, gombo, oignon, ail, gingembre, carotte, choux, haricot vert, légumes feuilles, spiruline.

Ces données sont présentées dans le tableau 4.4.

Tableau 4.5 : Base de données produit

Choisir produit	Forme	Humidité initiale (%)	Humidité finale (%)	Rendement de parage (%)	Masse spécifique (kg/m³)	Teneur en sucre (g/100g)	Température maximale (°C)	Diamètre min (cm)	Diamètre max (cm)	Epaisseur min (cm)	Epaisseur max (cm)
Maïs (24-35% -> 12-15%)	grains	30%	14%	100%	0,2	3,64	60			3	7,5
Riz (24% -> 11%)	grains	24%	11%	100%	0,2	0,13	50				2,5
sorgho, mil (21% -> 14%)	grains	21%	14%	100%	0,2					1,5	6,5
Igname (70-80% -> 10-14%)	tranches	75%	12%	100%	4	5,8 – 7,2	65			4	7,5
Manioc (62-70% -> 10-17%)	tranches	66%	13%	100%	4,5	3,9				4	7
Ananas (80-85% -> 10-12%)	tranches	83%	11%	30%	5	6,4 - 14	65			3	7
Banane (72-80% -> 12-15%)	tranches	76%	14%	100%	5	14,8 - 27	70	3	3,5	0,5	4
Mangue (80% -> 12-16%)	tranches	80%	14%	50%	6	13 - 16	70	0,5	1,5		
Papaye (80% -> 12-16%)	tranches	80%	14%	100%	6	7,6 – 7,8	70				
Choux (80% -> 5%)	tranches	80%	5%	100%	2	2,8 - 3	60 - 65				
Carotte (70% -> 5%)	tranches	70%	5%	100%	3	6,7	75	2,5		2	
Tomate (95% -> 7%)	tranches	95%	7%	100%	3	2,8 - 3,5	50 - 60				
Piment, poivron (71-85% -> 5-13%)	morceaux, pièces	78%	9%	100%	1	2,2 – 4,7	70	1,5	4	2	5
Oignon, ail (80-85% -> 4%)	morceaux	82%	4%	100%	2	7,10 - 8,2	55	3	7,5		
Haricot vert (70% -> 5%)	morceaux, pièces	70%	5%	100%	3	2, 6 – 4,6	75	4,5	7	0,4	0,7
Gombo (80-87% -> 11-20%)	morceaux, pièces	83%	15%	100%	4	5,5	66	2,5	4	3	4,5
Gingembre (80% -> 10%)	morceaux, pièces	80%	10%	100%		9,8					
Légumes feuilles (80% -> 10%)	feuilles	80%	10%	100%			60				4
Spiruline (micro-algue) (80% -> 8%)	fibres	80%	8%	100%			40-60				

4.3.2.2 Données sur l'environnement climatique

Les données d'ensoleillement, de température et d'humidité sont présentés dans le tableau 4.6.

Tableau 4.6 : Base de données environnement

Mois	Moyenne annuelle	Janvier	Février	Mars	Avril	Mai	Juin	Juillet	Août	Septembre	Octobre	Novembre	Décembre
Ensoleillement Lomé 8 à 17h (kWh/m².j)	4,4	3,7	4,2	4,9	4,9	4,6	3,8	4,2	4,1	4,5	4,8	4, 9	4,3
T°min Lomé	25	24	26	26	26	25	24	24	24	24	24	25	25
T°max Lomé	32	32	33	33	33	32	30	29	29	30	31	33	33
T°moy Lomé	28	28	30	30	29	29	27	27	26	27	28	29	29
HRmin Lomé	66%	54%	63%	62%	65%	66%	71%	73%	74%	72%	68%	63%	58%
HRmax Lomé	94%	93%	93%	92%	93%	95%	96%	95%	95%	95%	96%	95%	95%
HRmoy Lomé	80%	74%	78%	77%	79%	81%	84%	84%	80%	84%	82%	79%	76%
Ensoleillement Atakpamé 8 à 17 h (kWh/m².j)	4,7	4,4	4,9	5,3	5,2	5,2	4,9	3,9	3,7	4,5	5,2	5,1	4,6
T° min Atakp	22	22	23	23	23	22	22	21	21	21	21	22	22
T° max Atakp	32	33	36	35	33	32	30	29	28	30	31	33	33
T° moy Atakp	27	28	29	29	27	27	23	25	25	25	26	27	28
HR min Atakp	50%	24%	30%	38%	51%	58%	64%	68%	69%	65%	59%	42%	31%
HR max Atakp	91%	66%	85%	88%	94%	96%	97%	98%	98%	98%	97%	91%	81%
HR moy Atakp	70%	45%	58%	63%	72%	77%	80%	83%	83%	81%	78%	67%	56%
Ensoleillement Mango 8 à 17h (kWh/m².j)	5,3	5,4	5,9	6,0	5,8	5,3	4,8	4,4	4,4	5,1	5,8	5,4	5,2
T° min Mango	23	20	23	26	27	25	24	23	23	23	23	21	20
T° max Mango	36	36	38	40	38	36	33	32	32	33	36	38	37
T° moy Mango	29	28	31	33	32	31	28	27	27	28	29	30	28
HR min Mango	43%	22%	20%	25%	42%	49%	60%	64%	69%	64%	49%	30%	20%
HR max Mango	78%	36%	45%	63%	82%	88%	96%	98%	99%	99%	96%	79%	53%
HR moy Mango	60%	29%	32%	44%	62%	68%	78%	81%	84%	82%	73%	54%	37%

Légende tableau 4.6

T° : Température
HR : Humidité relative
min : Minimum
max : Maximum
moy : Moyenne

4.3.2.3 Données sur les matériaux de réalisation de séchoirs

Les données recueillies sont présentées dans le tableau 4.7 avec les nouvelles unités.

Tableau 4.7 : Données sur les matériaux

Matériaux	Togo 2010 (f CFA)	
Métaux		
Acier (densité 7.8 kg/dm3)		
Tôle	623	f CFA/m^2
Profilé rectangle/carré	445	f CFA/kg acier
Cornière	147	f CFA/kg acier
Tube rond	300	f CFA/kg acier
Fer à béton	128	f CFA/kg acier
Galva Tôle	1 101	f CFA/m^2
Galva tôle ondulée toiture	1 300	f CFA/m^2
Alu Tôle	3 692	f CFA/m^2
Bois		
Tige végétale (Ø 25 mm env)	1	f CFA/ml
Bois blanc		
Planche ep 17 mm	10	f CFA/m^2
Chevron 6 x 8 cm env	10	f CFA/ml
Contreplaqué	234	f CFA/m^2
Couverture transparente		
Verre	3 000	f CFA/m^2
Plexiglass	3 600	f CFA/m^2
Polyéthylène	300	f CFA/m^2
Isolation		
laine de verre	5	f CFA/dm3
kapok	1	f CFA/dm3
Grille claies		
Garniture végétale	10	f CFA/m^2
Tissage ficelle	100	f CFA/m^2
grillage en plastique	389	f CFA/m^2
grillage classique	1 000	f CFA/m^2
grillage en galva (maille 1x1 cm)	833	f CFA/m^2
grillage en alu (maille 1x1 cm)	1 444	f CFA/m^2
Tissus polyester support produit	300	f CFA/m^2
Bâti		
Embase banco	10	f CFA/m3
Dalle béton	10	f CFA/m^2
Mur brique + ciment	10	f CFA/m^2
Mur banco	10	f CFA/m^2

4.3.4 Les solutions techniques simulées par l'outil

Les solutions techniques retenues au nombre de 17 pour la conception de cette première version de l'outil sont présentées dans le tableau 4.8.

Tableau 4.8 : Modèles de séchoirs correspondant aux types de solutions techniques retenues

N°	Exemple de séchoir	Séchoir	Couverture	Type de convection	Disposition des claies
1.	aire cimentée				étendue
2.	Bâche	Aire de séchage	Sans protection	Conv. nat	étendue
3.	Bâche		Avec tissus couverture	Conv. nat	étendue
4.	Claies surélevée	Aire de séchage surélevée	Sans protection	Conv. nat	étendue
5.	Claies surélevée		Avec tissus couverture	Conv. nat	étendue
6.	Tente	Solaire direct	Polyéthylène	Conv. nat	étendue
7.	Coffre, case		Polyéthylène	Conv. nat	étendue
8.	Serre		Polyéthylène	Conv. nat	étendue
9.	Indirect	Indirect	sans couverture	Cheminée	superposée
10.	Indirect + gaz	Indirect + gaz	sans couverture	Conv.	superposée
11.	MO5	Indirect	Verre	Conv. nat	superposée
12.	MO5 + gaz	Indirect + gaz	Verre	Conv. nat	superposée
13.	Chambre	Mixte	Verre	cheminée	étendue
14.	Hoheneim		Verre	Conv. forcée	étendue
15.	Chambre + gaz	Mixte + gaz	Verre	cheminée	étendue
16.	Atesta	Gaz	-	Conv. nat	superposée
17.	Geho	Gaz + solaire	Verre	Conv. forcée	étendue

4.3 Présentation et fonctionnement de l'outil

L'outil réalisé est implémenté sous le logiciel *Microsoft Excel*. Il comporte deux interfaces utilisateur. Le premier pour les entrées et le second pour les résultats.

4.3.1 Interface utilisateur d'entrée de données

Elle est constituée d'une feuille Excel dans laquelle chaque ligne correspond à un type de donnée. Elle permet à l'utilisateur d'introduire ses données. Cette interface est présentée sur la figure 5. Les cellules en vert sont à remplir nécessairement par l'utilisateur de l'outil. Celles en vert pâles correspondent aux données provenant de la base de données, mais pouvant être modifiées par l'utilisateur selon la spécificité de son cas. Les cellules en blanc sont celles de certaines variables intermédiaires calculées par l'outil et qui apportent à l'utilisateur une information intéressante sur son activité et son besoin.

Des listes déroulantes sont prévues pour faciliter l'utilisation de l'outil. C'est le cas par exemple du choix du produit ou des coûts des matériaux. L'utilisateur a juste à choisir le type de donnée qu'il désire et les autres cellules liées sont automatiquement remplies par la base de données.

Deux boutons de commande sont prévus sur la feuille d'entrée des données. Il s'agit du bouton *"Remettre à zéro"*, et *"Réaliser calcul séchoir"*.

- Le premier bouton *"Remettre à zéro"* est à activer par l'utilisateur avant chaque simulation. Il permet de nettoyer la feuille des données précédemment inscrites sur la feuille. Il obtient alors une feuille vierge pour entrer ces données et procéder à une nouvelle simulation.

- Le second bouton *"Réaliser calcul séchoir"* est à actionner à la fin de l'introduction des données par l'utilisateur. Cette commande ordonne la simulation et renvoie directement l'utilisateur à la seconde interface qui est celle des résultats de la simulation. Une fois ce bouton activé, l'outil lance le calcul des variables intermédiaires puis des indicateurs pour chacune des solutions techniques retenues et renseignées dans l'outil. Au cours du calcul (qui se fait assez rapidement) une indication *"CALCUL EN COURS"* s'affiche sur la feuille à l'écran.

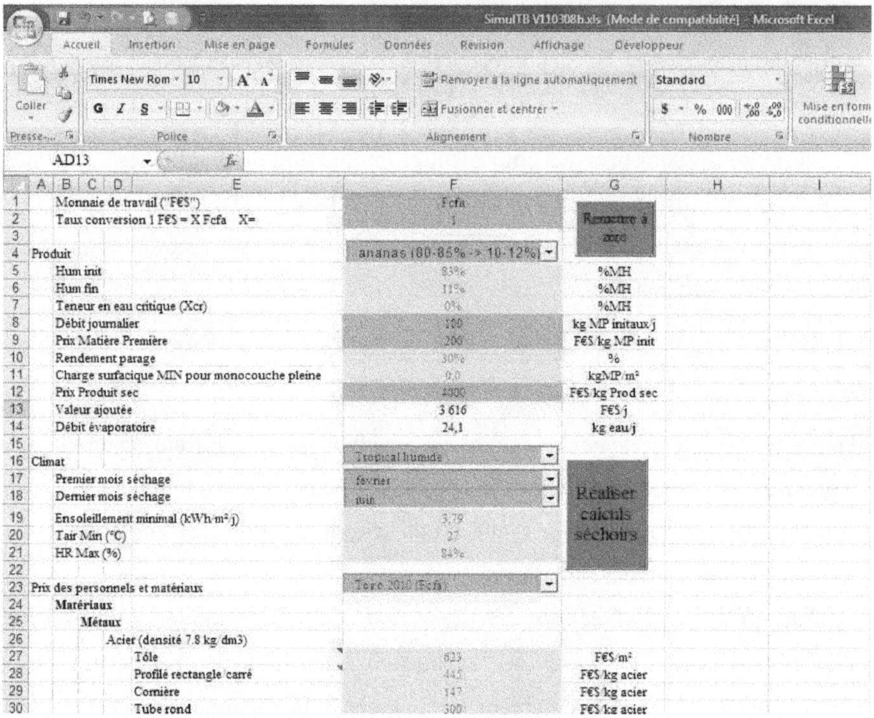

Figure 4.5 : Interface utilisateur d'entrée de données

4.3.2 Interface utilisateur des résultats de simulation

L'interface utilisateur des résultats de simulation est une autre feuille du classeur. Elle comporte suivant les lignes, les solutions techniques définies dans le cadre de ce travail, et suivant les colonnes, pour chacune des solutions techniques, la valeur (quantitative ou qualitative) des indicateurs. Une dernière colonne de commentaire est prévue où figurent des informations sur la solution technique correspondante. Une portion de cette feuille est présentée sur la figure 6. Cette feuille donne toutes les informations sur lesquelles pourra se baser l'utilisateur de l'outil pour faire le choix d'une solution technique. L'outil conçu ne donne pas directement le choix d'une solution mais donne l'évaluation des indicateurs de choix et propose des classifications des solutions techniques suivant tel ou tel indicateur. Ainsi, l'utilisateur pourra-t-il procéder à des tries ou à des classifications suivant des solutions techniques suivant les indicateurs qu'il choisit. Cette fonctionnalité apporte une aide consistante à la décision sans toutefois contraindre le concepteur à adopter une solution donnée. Ayant toutes les informations, il pourra décider de ce qui conviendra le mieux pour sa situation.

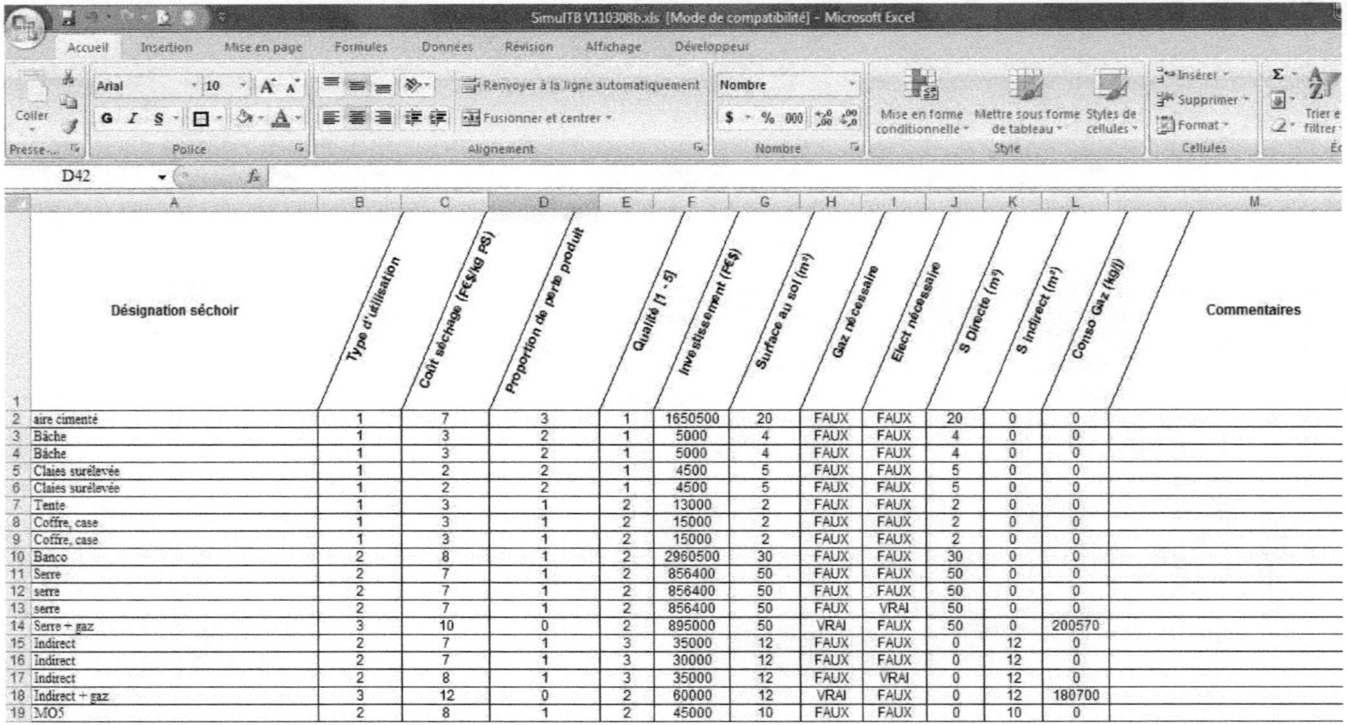

	A	B	C	D	E	F	G	H	I	J	K	L	M
1	Désignation séchoir	Type d'utilisation	Coût séchage (F€$/kg PS)	Proportion de perte produit	Qualité [1 - 5]	Investissement (F€$)	Surface au sol (m²)	Gaz nécessaire	Elect nécessaire	S Directe (m²)	S Indirect (m²)	Conso Gaz (kg/j)	Commentaires
2	aire cimenté	1	7	3	1	1650500	20	FAUX	FAUX	20	0	0	
3	Bâche	1	3	2	1	5000	4	FAUX	FAUX	4	0	0	
4	Bâche	1	3	2	1	5000	4	FAUX	FAUX	4	0	0	
5	Claies surélevée	1	2	2	1	4500	5	FAUX	FAUX	5	0	0	
6	Claies surélevée	1	2	2	1	4500	5	FAUX	FAUX	5	0	0	
7	Tente	1	3	1	2	13000	2	FAUX	FAUX	2	0	0	
8	Coffre, case	1	3	1	2	15000	2	FAUX	FAUX	2	0	0	
9	Coffre, case	1	3	1	2	15000	2	FAUX	FAUX	2	0	0	
10	Banco	2	8	1	2	2960500	30	FAUX	FAUX	30	0	0	
11	Serre	2	7	1	2	856400	50	FAUX	FAUX	50	0	0	
12	serre	2	7	1	2	856400	50	FAUX	FAUX	50	0	0	
13	serre	2	7	1	2	856400	50	FAUX	VRAI	50	0	0	
14	Serre + gaz	3	10	0	2	895000	50	VRAI	FAUX	50	0	200570	
15	Indirect	2	7	1	3	35000	12	FAUX	FAUX	0	12	0	
16	Indirect	2	7	1	3	30000	12	FAUX	FAUX	0	12	0	
17	Indirect	2	8	1	3	35000	12	FAUX	VRAI	0	12	0	
18	Indirect + gaz	3	12	0	2	60000	12	VRAI	FAUX	0	12	180700	
19	MO5	2	8	1	2	45000	10	FAUX	FAUX	0	10	0	

Figure 4.6 : Interface utilisateur des résultats de simulation

4.4 Validation de l'outil : cas d'étude d'une PME

4.4.1 Présentation de la PME

La validation de l'outil d'aide au choix est réalisée sur le cahier de charge d'une PME située à Lomé au Togo. Cette PME fait du séchage des ananas qu'elle exporte sur les marchés Européens mais aussi sur le marché local. La PME utilise actuellement six (6) séchoirs Atesta. Le séchage se déroule 24h/24 durant les périodes d'activité qui vont de 6 mois à 12 mois dans l'année. Pour le mode opératoire, les séchoirs fonctionnent par batch avec 2 phases de fonctionnement : une première phase correspondant à l'évaporation de l'eau libre du produit, qui se fait à 80°C pendant 10 à 12 heures, puis la seconde phase à 45°C pendant aussi 10 à 12 heures. La conduite du séchage est assurée par 2 personnes par séchoir avec une rotation toutes les 12 heures. Les conducteurs de séchoir interviennent chaque heure lors du séchage pour permuter les claies (les claies du haut en bas et inversement en tournant la partie avant des claies vers l'arrière). Avec un niveau d'instruction relevant du secondaire, ils reçoivent en plus une formation dans l'entreprise sur la conduite du séchage. Actuellement ils ont une expérience variant de 5 à 10 ans. La matière première est achetée auprès de coopératives agricoles productrices d'ananas biologiques au Togo.

4.4.2 Description des entrées utilisateurs de la PME

Le cahier de charges fonctionnel décrivant les attentes de l'entreprise a été réalisé avec les utilisateurs pour s'assurer de la prise en compte effective de leur besoin. Il est présenté dans le tableau 4.9. Les autres données d'entrées utilisateurs, tels que la période d'activité dans l'année, ne figurant pas directement dans le cahier des charges ont été également fournies par les utilisateurs. Ces informations sont données dans le tableau 4.10.

Tableau 4.9 : Cahier de charges fonctionnel de validation de l'outil

Type de fonction	Fonction	Critères	Niveau d'évaluation	Flexibilité
Fonctions de Services	permettre de transformer le produit humide en produit sec	capacité Débit journalier de produit type de convection	300 kg 300 kg Naturelle	+/- 1 kg +/- 1 kg -
	permettre à l'utilisateur de charger le produit humide	hauteur de chargement min hauteur de chargement max dimension maximal d'une claie masse maximale d'une claie chargée temps de chargement	1 m 2 m 1 m² 8 kg 10 min	- +/- 0,2 m - +/- 1 kg -
	permettre à l'utilisateur de décharger le produit sec	hauteur de déchargement min hauteur de déchargement max temps de déchargement	1 m 2 m 10 min	- +/- 0,2 m +/- 5 min
	permettre à l'utilisateur de contrôler le processus du séchage	contrôle de la température contrôle de l'humidité de l'air durée max par mesure	OUI NON < 5 min	- - -
Fonctions de Contraintes	être fabricable localement	Temps de collecte des matériaux, Coût des matériaux Compétences de la main d'œuvre	< 3 jours moyenne locale	+ /- 2 jours - -
	doit être simple à utiliser	Type d'organisation niveau d'instruction minimal durée d'entretient type d'outil nécessaire	2 secondaire + formation < 2 heures manuel	2 ou 3 - +/- 5 min -
	doit pouvoir s'intégrer à son lieu d'utilisation	surface au sol	7 m x 7 m	8 m x 8 m
	doit être résistant dans son environnement	Durée de vie MTTF (Mean Time To First failure) MTBF (Mean Time Between Failure)	10 ans 1 an 1 an	- - +/- 3 mois
	doit être financièrement accessible pour l'utilisateur	coût d'investissement initial max coût de séchage	1.500.000 4 600 f cfa /kg de produit sec	+/- 200 000 f CFA +/- 50 f CFA
	être rentable pour l'utilisateur	% de perte de produit % coût de séchage/plus-value	2% < 50% de plus-value	+/- 2% +/- 5%
	doit fournir des produits correspondants au débouché visé	Type de débouché	Export	80% Export + 20% Marché local
	utiliser l'énergie disponible	coût de l'énergie	< 180 f CFA/kWh	+/- 20 f CFA
	permettre de sécher en saison humide	durée de séchage % de perte de produit	< 1,1 x durée saison sèche < 2%	+/- 0,1 +/- 2%

Tableau 4.10 : Données d'entrées utilisateur complétant le cahier de charges   fonctionnel

Données utilisateur	Valeurs
Prix de la matière première	130 – 215 f CFA
Prix du produit sec	5300 à l'export
Epaisseur de la couche de produit	3 - 6 cm
Début de période annuelle d'activité	Janvier
Fin de période annuelle d'activité	décembre
Zone climatique d'activité	Tropical humide

4.4.3 Indicateurs

Le calcul des indicateurs réalisé par l'outil en vue d'apporter une aide à la décision dans le choix de solutions techniques s'affiche dans la feuille résultat de l'outil. La figure 4.7 présente une capture d'écran du résultat classé par ordre croissant du coût de séchage par kg de produit sec.

4.4.4 Discussion des résultats

Les indicateurs donnent des classements différents des solutions techniques simulées, faisant ressortir le fait que le choix d'une solution technique ne dépend pas que d'un seul critère mais plutôt d'un compromis entre différents critères. Faire un choix technologique en amont, c'est-à-dire avant l'analyse fonctionnelle, ou avant le calcul des indicateurs des solutions techniques peut conduire à se tromper vis-à-vis de l'attente des utilisateurs. Ces erreurs sont d'autant plus graves dans la mesure où le choix technologique détermine à hauteur de 80% le coût du cycle de vie de l'équipement.

Par ordre croissant du coût de séchage, la solution technique "Mixte + gaz" indiquant un séchoir solaire mixte utilisant un appoint gaz, vient en tête suivie des solutions "Indirect sans et avec couverture" et ensuite des solutions de séchage à l'air libre comme le séchage sur "claies surélevées avec ou sans couverture" et sur "Bâche".

171

	A Désignation séchoir	B Type d'utilisation	C Investissement (Fcfs/kgPS/j)	D Coût séchage (Fcfs/kg PS)	E Probabilité perte par produit	F Qualité [1 5]	H Investissement (Fcfs)	I Surface au sol (m²)	J Gaz nécessaire	K Elect nécessaire	L S Directe (m²)	M S indirect (m²)
2	Atesta	Plusieurs actions/j	13138	509	1	5	232696	14	VRAI	FAUX	0	0
3	Mixte + gaz	Plusieurs actions/j	2831	105	2	4	50148	51	VRAI	FAUX	9	42
4	Gebo (Mixte + gaz)	Plusieurs actions/j	221017	13395	1	4	3914617	56	VRAI	VRAI	43	5
5	Indirect avec couverture +gaz	Plusieurs actions/j	8731	20223	1	4	154642	51	VRAI	FAUX	9	42
6	Indirect avec couverture, convection naturelle	Plusieurs actions/j	5945	167	3	3	105292	51	FAUX	FAUX	9	42
7	Mixte convection naturelle	Plusieurs actions/j	8579	239	3	3	151948	75	FAUX	FAUX	13	61
8	Hohenein (Mixte en convection forcée)	Matin, midi, soir	212961	12533	2	3	3771920	56	VRAI	VRAI	43	5
9	Indirect sans couverture, convection naturelle	Plusieurs actions/j	6049	152	3	2	107141	54	FAUX	FAUX	5	48
10	Claies surélevée	Plusieurs actions/j	35	342	4	1	615	121	FAUX	FAUX	121	0
11	Claies surélevée avec couverture tissu	matin Soir	2084	383	4	1	36910	121	FAUX	FAUX	121	0
12	Bâche	Plusieurs actions/j	6831	410	4	1	120984	121	FAUX	FAUX	121	0
13	Coffre en convection naturelle	matin Soir	7643	494	4	1	135363	60	FAUX	FAUX	60	0
14	Tente	matin Soir	9014	522	4	1	159646	60	FAUX	FAUX	60	0
15	Bâche avec couverture tissu	matin Soir	11100	564	4	1	196598	151	FAUX	FAUX	151	0
16	Aire cimentée	Plusieurs actions/j	136614	2732	4	1	2419672	121	FAUX	FAUX	121	0
17	Serre convection naturelle	Matin, midi, soir	189615	3805	3	1	3358416	79	FAUX	FAUX	79	0

Figure 4.7 : Réponse de l'outil en application au cahier de charges d'une PME

La solution de séchage au gaz "Atesta" utilisé dans la PME est classée en 10ème position par rapport au coût du séchage par kg de produit sec. Le coût de séchage des dispositifs de séchage à l'air libre, ayant un coût de fonctionnement presque nul, se résume à l'amortissement de l'équipement. Dans ce cas de séchage d'ananas, un produit à forte teneur en eau, le débit journalier de produit demandé par l'utilisateur (300kg/j) conduit à l'air libre à des surfaces énormes (121 m^2). Ce qui conduit à un coût d'amortissement élevé. La solution technique "Mixte + gaz" permet d'améliorer la captation de l'énergie solaire par utilisation de capteur direct et indirect. La présence du gaz permet de suppléer l'énergie solaire en cas d'insuffisance de ce dernier. L'avantage technologique du séchoir mixte et l'utilisation judicieuse du gaz conduit ainsi à minimiser le coût de séchage. La solution technique utilisant uniquement le gaz "Atesta" se situe en 10ème position du fait du coût de fonctionnement du séchoir élevé.

Du point de vue du coup d'investissement initial, les solutions traditionnelles sont les moins chères. On remarque que celles utilisant la combustion du gaz ne sont pas nécessairement les plus chères contrairement à ce qu'on pourrait penser. Elles se retrouvent en 4ème, 10ème, 13ème et 17ème position respectivement pour "Mixte + gaz", "Indirect + gaz", "Atesta" et le "Geho", par rapport au coût d'investissement. Et pour le coût de séchage, elles se retrouvent en 2ème, 10ème, 16ème et 17ème position. Le coût d'investissement initial tient compte des types de matériaux utilisés et leur quantité par rapport aux dimensions des différentes solutions techniques.

Par rapport à la qualité du produit sec, l'utilisation du gaz est recommandée par l'outil. L'"Atesta" est classé en première position. Viennent ensuite les séchoirs mixte à gaz, indirect à gaz, mixte et indirecte et direct sans utilisation de gaz et enfin les dispositifs traditionnels à l'air libre. Ces derniers donnent de mauvaises qualités de produits secs pour le séchage de l'ananas qui est à forte teneur en eau. Avec ces dispositifs, les vitesses de séchage sont faibles et les produits sont contaminés par les insectes, la poussière, etc. Autant de facteurs qui accroissent la probabilité de perte du produit pour ces dispositifs comme on le remarque sur les résultats de l'outil.

Pour faire un classement à partir des indications de l'outil, nous nous sommes basés sur la classification des critères tels que définis au paragraphe 3.7 du chapitre 2, et sur les spécifications du cahier des charges de la PME précisant le débouché du produit sec. Les contraintes liées aux caractéristiques du produit et les exigences du débouché des produits secs, sont placé en première position. Étant donné qu'on se trouve dans une logique commerciale, les pertes de produits sont à réduire au maximum. Ensuite viennent les critères économiques. Mais en prenant en compte les spécifications du cahier de charges, les exigences sur la surface au sol apparaissent plus importantes compte tenu des solutions techniques simulées. Nous rappelons que dans le cadre de cette validation, nous nous sommes limités aux solutions techniques dont les matériaux et les énergies utilisées sont disponibles localement. Le classement des solutions techniques résultant de ce compromis est donné dans le tableau 4.11.

La solution technique utilisant la combustion de gaz "Atesta" vient en première position. Suivie d'un système hybride ventilé "Geho (Mixte+Gaz)", hybride non ventilé "Indirect avec couverture + gaz" et "Mixte +gaz". Ensuite se succèdent les systèmes solaires ventilés, puis non ventilés et enfin les dispositifs traditionnels de séchage à l'air libre. Les séchoirs actuellement utilisés par l'entreprise et qui donnent des résultats satisfaisants à l'utilisateur sont bien des séchoirs Atesta. A partir des résultats de la simulation de l'outil sur le cahier de charges de cette PME, et en comparaison avec la technologie utilisée et la satisfaction de l'utilisateur, nous pouvons dire que l'outil apporte les éléments nécessaires pour orienter le choix de solution technique en conception de séchoir. Les séchoirs utilisés actuellement par la PME sont des séchoirs Atesta. Les responsables de l'entreprise se disent globalement satisfaits de l'utilisation de ce séchoir par rapport aux résultats obtenus et par rapport aux technologies proposées localement. Nous pouvons sur la base de ces résultats, déduire que l'outil mis au point et simulé sur les technologies locales et leurs variantes, permet d'orienter efficacement le choix d'une solution technique.

Tableau 4.11 : Classement des solutions techniques préconisées par l'outil

Désignation séchoir	Qualité [1 5]	Probabilité perte produit	Surface au sol (m²)	S Directe (m²)	S Indirect (m²)	Coût séchage (Fe$/kg PS)	Investissement (Fe$/kgPS/j)	Type d'utilisation	Gaz nécessaire	Électricité nécessaire
Atesta	5	1	14	0	0	509	13138	Plusieurs actions/j	VRAI	FAUX
Geho (Mixte + gaz)	4	1	56	43	5	13395	221017	Plusieurs actions/j	VRAI	VRAI
Indirect avec couverture +gaz	4	1	51	9	42	20223	8731	Plusieurs actions/j	VRAI	FAUX
Mixte + gaz	4	2	51	9	42	105	2831	Plusieurs actions/j	VRAI	FAUX
Indirect avec couverture convection naturelle	3	3	51	9	42	167	5945	Plusieurs actions/j	FAUX	FAUX
Hoheneim (Mixte en convection forcée)	3	2	56	43	5	12533	212961	Matin, midi, soir	VRAI	VRAI
Mixte convection naturelle	3	3	75	13	61	239	8579	Plusieurs actions/j	FAUX	FAUX
Indirect sans couverture convection naturelle	2	3	54	5	48	152	6049	Plusieurs actions/j	FAUX	FAUX
Serre convection naturelle	1	3	79	79	0	3805	189615	Matin, midi, soir	FAUX	FAUX
Coffre en convection naturelle	1	4	60	60	0	494	7643	matin Soir	FAUX	FAUX
Tente	1	4	60	60	0	522	9014	matin Soir	FAUX	FAUX
Claies surélevées avec couverture tissu	1	4	121	121	0	383	2084	matin Soir	FAUX	FAUX
Bâche avec couverture tissu	1	4	151	151	0	564	11100	matin Soir	FAUX	FAUX
Claies surélevée	1	4	121	121	0	342	35	Plusieurs actions/j	FAUX	FAUX
Bâche	1	4	121	121	0	410	6831	Plusieurs actions/j	FAUX	FAUX
Aire cimentée	1	4	121	121	0	2732	136614	Plusieurs actions/j	FAUX	FAUX

4.4.5 Conclusion

L'outil d'aide à la décision que nous venons de mettre au point se base sur une étude préalable de l'activité du séchage présenté dans le chapitre 2 et sur une démarche de conception présentée au chapitre 3. L'outil permet un dimensionnement du séchoir suivant différentes solutions techniques et une évaluation quantitative et qualitative des critères structurants de choix qui sont appelés des indicateurs. L'information fournie ainsi par ces indicateurs permet d'orienter l'utilisateur de l'outil vers la solution technique qui réalise aux mieux ses attentes.

L'outil réalisé a été simulé sur le cas pratique d'une PME dont l'activité principale est le séchage d'ananas biologique pour l'exportation. La comparaison de la réponse de l'outil et de l'équipement utilisé actuellement par la PME et leur niveau de satisfaction par rapport à cet équipement, a conduit à la validation de l'outil d'aide à la décision élaborée. Cet outil ne contraint pas l'utilisateur ou le concepteur mais lui fournit toutes les informations nécessaires pour prendre conscience des avantages et des inconvénients de chaque solution technique. Il est implémenté sur le logiciel *Microsoft Excel* qui est facilement accessible et ne demande pas de connaissance exceptionnelle pour son utilisation. Les données d'entrée utilisateur peuvent être déterminées par le demandeur du séchoir tout comme par le concepteur. Les autres données sont proposées par défaut par l'outil. Un utilisateur expérimenté peut modifier ces valeurs pour une utilisation plus spécifique.

CONCLUSION GENERALE

La présente étude est une contribution à la conception de séchoir adaptée au besoin des utilisateurs, au contexte d'utilisation et spécifications du débouché des produits finis.

La caractérisation de l'activité du séchage a été effectuée à partir des enquêtes réalisées sur le terrain dans trois pays d'Afrique de l'Ouest : le Togo, le Bénin et le Burkina-Faso. Les dispositifs utilisés ont été caractérisés à partir de critères quantitatifs et qualitatifs issus de la littérature et mis à jour par rapport au contexte d'étude. De nouveaux paramètres comme : la zone géographique et climatique, les types d'utilisateurs, leur niveau d'organisation, la disponibilité des matériaux, de l'énergie et de l'espace au sol, le montant de l'investissement rapporté au débit évaporatoire et les marchés visés ont été ajoutés pour prendre en compte l'environnement dans la caractérisation de l'activité de séchage.

Les séchoirs inventoriés utilisés pour le séchage de produits agricoles tropicaux sont essentiellement des séchoirs utilisant l'énergie solaire et le gaz domestique et très peu d'entre eux sont ventilés. Le séchage traditionnel à l'air libre est fortement présent, mais est utilisé essentiellement pour des produits à faible et moyenne teneure en eau.

L'analyse thermo économique des quelques séchoirs représentatifs fait ressortir les causes de délaissement de certains séchoirs comme le Coquillage et l'Armoire directe, dues au faible rendement thermique et leur faible rentabilité. La rentabilité des séchoirs varie selon le type de produit séché, le séchoir et le débouché. Il est montré en outre que des critères sociaux tels que les modes de diffusion et la proximité des fabricants ont une influence sur l'acquisition et le développement des séchoirs. Les dispositifs traditionnels par exposition directe au soleil et les séchoirs Atesta au gaz apparaissent comme les séchoirs les plus répandus et qui sont renouvelés par les utilisateurs eux-mêmes.

L'application de l'analyse fonctionnelle à la caractérisation du contexte de séchage défini a permis de relever les besoins de séchage, de les exprimer en termes de fonctions. Un cahier de charge fonctionnel général a été élaboré et peut servir de canevas pour permettre dans chaque cas de conception de s'assurer de la prise en compte du besoin des utilisateurs. Cette étude nous a conduits à la détermination des principes de solutions pouvant être mis en œuvre dans le contexte de l'étude pour la réalisation de séchoir répondant effectivement aux besoins. L'utilisation de la méthode TRIZ et de l'organigramme technique étendu a permis d'identifier et de proposer des solutions techniques pour les différentes entités structurelles de l'équipement.

Les critères ainsi que les solutions techniques déterminés ont permis la mise au point de l'outil d'aide à décision pour le choix des solutions techniques. Pour ce faire, une base de données a été constituée spécifiant les produits séchés, leurs caractéristiques, les différentes zones géo-climatiques en Afrique de l'Ouest et leurs caractérisations et les différents types de matériaux entrant dans la réalisation des solutions techniques ainsi que leurs coûts. L'outil validé avec succès sur le cahier de charge d'une PME séchant de l'ananas à Lomé au Togo, permet d'évaluer les critères structurants nécessaires pour conduire un choix technologique de séchoir. Cet outil évite au concepteur l'erreur de faire un mauvais choix en début de conception, de plus, il lui ouvre une large possibilité à partir de toutes les solutions techniques qui sont simulées.

PERSPECTIVES

Ce travail réalisé a permis d'apporter une contribution dans le domaine de la conception de séchoir et avec une application au contexte spécifique de l'Afrique de l'Ouest. En perspective de cette étude, et en marge de la vulgarisation de cette première version de l'outil qui peut être faite auprès des concepteurs locaux, des entreprises et unités de séchage, des ONG, nous préconisons une amélioration de l'outil en :

➤ Accroissant les types de solutions techniques simulés par exemple aux autres formes d'énergies autres que le gaz et le solaire, d'autres moyens d'alimentation du séchoir en produit.

➤ En élargissant la base de données de l'outil pour prendre en compte d'autres zones géo-climatiques,

➤ En affinant la prise en compte de la spécificité du produit dans la conduite du séchage, par l'introduction de la teneur en eau critique et du temps critique de séchage.

REFERENCES BIBLIOGRAPHIQUE

Aboul-Enein, S., A. A. El-Sebaii, M. R. I. Ramadan & H. G. El-Gohary (2000). "Parametric study of a solar air heater with and without thermal storage for solar drying applications." Renewable Energy 21(3-4): 505-522.

Akpinar, E., A. Midilli & Y. Bicer (2003). "Single layer drying behaviour of potato slices in a convective cyclone dryer and mathematical modeling." Energy Conversion and Management 44(10): 1689-1705.

Amou, K. A., S. Ouro-Djobo & K. Napo (2010). "Comparison between the use of Fourier and Gauss Functions to simulate the solar irradiation in Togo." International Scientific Journal for Alternative Energy and Ecology 85: 35.

Amou, K. A., S. Ouro-Djobo & K. Napo (2010). "Solar irradiation in Togo." International Scientific Journal for Alternative Energy and Ecology 2(82).

Amouzou, K., M. Gnininvi & B. Kerim (1986). Problème de séchage au Togo. Le séchage solaire en Afrique. Dakar, Sénégal, Michael Bassey Schmitd.

Anon (2004). Appui à la réhabilitation et au développement du système de statistiques agricoles et de l'information agricole. Projet TCP/RWA/2904(A). FAO. Kigali.

Anon (2005). Guide de l'entreprise de séchage de mangue au Burkina-Faso. Burkina-Faso.

Anon (2008). Référentiel technico-économique: Séchage de la mangue au séchoir à gaz Atesta-Burkina. PCDA. Sikasso, Ministère de l'Agriculture du Mali.

Arinze, E. A., G. J. Schoenau & S. Sokhansanj (1999). "Design and experimental evaluation of a solar dryer for commercial high-quality hay production." Renewable Energy 16(1-4): 639-642.

Augustus Leon, M., S. Kumar & S. C. Bhattacharya (2002). "A comprehensive procedure for performance evaluation of solar food dryers." Renewable and Sustainable Energy Reviews 6(4): 367-393.

Augustus, L. M., S. Kumar & S. C. Bhattacharya (2002). "A comprehensive procedure for performance evaluation of solar food dryers." Renewable and Sustainable Energy Reviews 6(4): 367-393.

Baker, C. G. J. & H. M. S. Lababidi (2001). "Development in computer-aided dryer selection." Drying Technology 19(8): 1851-1873.

Bala, B. K., M. R. A. Mondol, B. K. Biswas, B. L. Das Chowdury & S. Janjai (2003). "Solar drying of pineapple using solar tunnel drier." Renewable Energy 28(2): 183-190.

Barbier, T. M. (2008). Développement d'un outil d'aide à la créativité basé sur la connaissance de la recherche de principes de solutions en conception d'équipements agroalimentaires (APSETA). Génie des procédés. Montpellier, Université de Montpellier II.

Bationo, F. (2007). Proposition d'une démarche de conception collaborative d'équipements orientée maintenance : cas des unités de transformation agroalimentaire des Pays d'Afrique de l'Ouest. Thèse présentée à l'Institut National Polytechnique de Grenoble, le 7 mars 2007, Grenoble.

Belessiotis, V. & E. Delyannis "Solar drying." Solar Energy In Press, Corrected Proof.

181

Berliner, C. & J. Brimson (1988). Cost management for Today's Advanced Manufacturing. Boston.

Berthomieu, N. (2004). Fiche les séchoirs coquillage et Geho. Promotion de l'électrification rurale et de l'approvisionnement durable en combustibles domestiques. gtz; &Direction de l'Energie. Dakar, Sénégal.

Berthomieu, N. (2004). Fiche sur les différents types de séchoirs solaires à convection naturelle et forcée. Promotion de l'électrification rurale et de l'approvisionnement durable en combustibles domestiques. d. d. l. é. gtz. Dakar, Sénégal.

Bimbenet, J. J. (2002). Génie des procédés alimentaires Des bases aux applications. Paris, Dunod.

Boroze, T., K. Napo, C. Marouzé, G. Djétéli & K. Agbossou (2008). Description et analyse du contexte du séchage au Togo. XIVème édition des Journées Scientifiques Internationales de Lomé (JSIL 2010). Lomé - Togo.

Boroze, T. T.-E., Y. O. Azouma, J. M. Meot, H. Desmorieux & K. Napo (2009). "Intégration des outils du génie industriel dans l'optimisation de la conception de séchoirs pour les produits agroalimentaires en climat tropical." Science et technique 3(1 - 2): 45 - 60.

Boroze, T. T.-E., Y. O. Azouma, J. M. Meot, H. Desmorieux & K. Napo (2010). Principes de solutions pour l'aide à la décision en conception de séchoirs de produits agroalimentaires. XIVème édition des Journées Scientifiques Internationales de Lomé (JSIL 2010). Lomé - Togo.

Boroze, T. T.-E., C. Marouzé, J.-M. Meot & K. Napo (2009). ACSPA : outil d'aide à la conception de séchoirs solaires pour produits agroalimentaires et sa validation au Togo. XIIème Congrès de la Société Française de Génie des Procédés (SFGP 2009). Marseille.

Bulent Koc, A., M. Toy, I. Hayoglu & H. Vardin (2007). "Solar Drying of Red Peppers: Effects of Air Velocity and Product Size." Journal of Applied Science 7(11): 1490-1496.

Burgschweiger, J. & E. Tsotsas (2002). "Experimental investigation and modelling of continuous fluidized bed drying under steady-state and dynamic conditions." Experimental investigation and modelling of continuous fluidized bed drying under steady-state and dynamic conditions 57: 5021.

Cavalucci, D. & B. Mutel (1999). Contribution à la conception de nouveaux systèmes mécaniques par intégration méthodologique. Université de Strasbourg. Strasbourg.

Chandak, A., S. K. Somani & D. Dubey (2009). Design of Solar Dryer with Turboventilator and fireplace. Solar Food Processing Conference. Indore, India.

Chen, H.-H., C. E. Hernandez & T.-C. Huang (2005). "A study of the drying effect on lemon slices using a closed-type solar dryer." Solar Energy 78(1): 97-103.

Chua, K. J. & S. K. Chou (2003). "Low-cost drying methods for developing countries." Trends in Food Science & Technology 14(12): 519-528.

Daguenet, M. (1985). Séchoir solaire : théorie et pratique. Paris.

Desmorieux, H. (1992). Le séchage en zone subsaharienne: Une analyse technique à partir de réalités géographiques et humaines. Lorraine, Institut National Polytechnique de Lorraine, France.

Desmorieux, H., C. Diallo & Y. Coulibaly (2008). "Operation simulation of a convective and semi-industrial mango dryer." Journal of Food Engineering 89(2): 119-127.

Desmorieux, H. & F. Hernández (2004). Biochemical and physical criteria of Spirulina after different drying processes. CD-ROM Proceedings, 14th International Drying Symposium IDS, Sao Paulo, Brazil.

Desmorieux, H. & Y. Idriss (2007). Prise en compte de l'environnement dans le transfert de technologie : cas des séchoirs. Transformation, conservation et qualité des aliments: Nouvelles approches de lutte contre la pauvreté. Dakar, Sénégal, Sakho, Mama

Crouzet, Jean.

Desmorieux, H. & Y. Idriss (2008). "Prise en compte de l'environnement dans le transfert de technologie. Cas des séchoirs." Journal des Sciences Pour l'Ingénieur 10.

Desmorieux, H., Y. Idriss & O. Garro (2001). Characterization of drying spirulina for design of dryers for developing countries. North Drying Congress. Trondheim, Norway.

Dissa, A. O., J. Bathiebo, S. Kama, P. W. Savadogo, H. Desmorieux & J. Koulidiati (2009). "Modelling and experimental validation of thin layer indirect solar drying of mango slices." Renewable Energy 34: 1000-1008.

Dissa, A. O., H. Desmorieux, J. Bathiebo & J. Koulidiati (2008). "Convective drying characteristics of Amelie mango (Mangifera Indica L. cv. [`]Amelie') with correction for shrinkage." Journal of Food Engineering 88(4): 429-437.

Doymaz, I. (2004). "Convective air drying characteristics of thin layer carrots." Journal of Food Engineering 61(3): 359-364.

Doymaz, I. (2007). "Air-drying characteristics of tomatoes." Journal of Food Engineering 78(4): 1291-1297.

Ducept, F., M. Sionneau & J. Vasseur (2002). "Superheated steam dryer: simulations and experiments on product drying." Chemical Engineering Journal 86(1-2): 75-83.

Edoun, M. (2010). Développement d'un outil d'aide à la conception de procédés de séchage à petite échelle en zone tropicale humide. Ecole Nationale Supérieure des Sciences Agro-Industrielles. Ngaoundéré, Université de Ngaoundéré.

Edoun, M., A. Kuitche, C. Marouzé, F. Giroux & C. Kapseu (2010). "Pratique du séchage artisanal de fruits et légumes dans le sud du Cameroun." Fruits 65: 1.

Ekechukwu, O. V. & B. Norton (1999). "Review of solar-energy drying systems II: an overview of solar drying technology." Energy Conversion and Management 40(6): 615-655.

El-Aouar, Â. A., P. M. Azoubel & F. E. X. Murr (2003). "Drying kinetics of fresh and osmotically pre-treated papaya (Carica papaya L.)." Journal of Food Engineering 59(1): 85-91.

Esper, A. & W. Muhlbauer (1998). "Solar drying - an effective means of food preservation." Renewable Energy 15(1-4): 95-100.

FAO (1989). Prevention of post-harvest food losses: Fruits, vegetables and root crops, a training manual. Rome, Italy, FAO Training Series.

Forson, F. K., M. A. A. Nazha, F. O. Akuffo & H. Rajakaruna (2007). "Design of mixed-mode natural convection solar crop dryers: Application of principles and rules of thumb." Renewable Energy 32(14): 2306-2319.

Fournier, M. & A.Guinebault (1996). Modelling and experimentation of the "Shell" dryer. WREC 1996.

Fournier, M. & A. Guinebault (1995). "The "shell" dryer--modelling and experimentation." Renewable Energy 6(4): 459-463.

Fudholi, A., K. Sopian, M. H. Ruslan, M. A. Alghoul & M. Y. Sulaiman (2010). "Review of solar dryers for agricultural and marine products." Renewable and Sustainable Energy Reviews 14(1): 1-30.

Gbaha, P., H. Yobouet Andoh, J. Kouassi Saraka, B. Kamenan Koua & S. Toure (2007). "Experimental investigation of a solar dryer with natural convective heat flow." Renewable Energy 32(11): 1817-1829.

Godjo, T. (2007). Développement d'une méthode de conception collaborative orientée utilisateur : Cas des équipements agroalimentaires tropicaux. Thèse présentée à l'Institut National Polytechnique de Grenoble, le 7 mars 2007, Grenoble.

Grange, P. (1996). Piloter les coûts des produits industriels. Outils et méthodes pour concevoir au moindre coût. Donud. Paris.

Holmberg, S. L., T. Claesson, M. Abul-Milh & B. M. Steenari (2003). "Drying of granulated wood ash by flue gas from saw dust and natural gas combustion." Resources, Conservation and Recycling 38(4): 301-316.

Janjai, S., N. Lamlert, P. Intawee, B. Mahayothee, B. K. Bala, M. Nagle & J. Müller (2009). "Experimental and simulated performance of a PV-ventilated solar greenhouse dryer for drying of peeled longan and banana." Solar Energy 83(9): 1550-1565.

Janjai, S. & P. Tung (2005). "Performance of a solar dryer using hot air from roof-integrated solar collectors for drying herbs and spices." Renewable Energy 30(14): 2085-2095.

Jannot, Y. & Y. Coulibaly (1998). "The "Evaporative capacity" as a performance index for a solar-drier air-heater." Solar Energy 63(6): 387-391.

Jeantet, A. (1998). "Les objets intermédiaires de la conception, éléments pour une sociologie des processus de conception." Sociologie du travail 3: p. 291-316.

Kameni, A., C. M. Mbofungb, Z. Ngnamtamb, J. Doassema & L. Hamadoua (2003). "Aptitude au séchage des fruits de quelques variétés de manguiers cultivées au Cameroun." Fruits 58: 89-98

Karim, M. A. & M. N. A. Hawlader (2005). "Drying characteristics of banana: theoretical modelling and experimental validation." Journal of Food Engineering 70(1): 35-45.

Kaya, A., O. AydIn & C. Demirtas (2009). "Experimental and theoretical analysis of drying carrots." Desalination 237(1-3): 285-295.

Kowalski, S. J. & K. Rajewska (2009). "Effectiveness of hybrid drying." Chemical Engineering and Processing: Process Intensification 48(8): 1302-1309.

Koyuncu, T. (2006). "Performance of various design of solar air heaters for crop drying applications." Renewable Energy 31: 1073–1088.

Krokida, M. K., V. T. Karathanos, Z. B. Maroulis & D. Marinos-Kouris (2003). "Drying kinetics of some vegetables." Journal of Food Engineering 59(4): 391-403.

Lababidi, H. M. S. & C. G. J. Baker (2003). "Web-based expert system for food dryer selection." Computers and Chemical Engineering 27: 997 - 1009.

Lawand, T. A. (1977). The potential of solar agricultural dryers in developing areas. . Technologie for Solar Energy Utilization, Vienne.

Leite, J. B., M. C. Mancini & S. V. Borges (2007). "Effect of drying temperature on the quality of dried bananas cv. prata and d'agua." LWT - Food Science and Technology 40(2): 319-323.

Lo, I. (1983). Amélioration du séchage solaire des légumes. Expert Consultation on Planning the Development of Sundrying Techniques in Africa, Roma.

Lutz, K., W. Mühlbauer, J. Müller & G. Reisinger (1987). "Development of a multi-purpose solar crop dryer for arid zones." Solar & Wind Technology 4(4): 417-424.

Marouzé, C. (1999). Proposition d'une méthode pour piloter la trajectoire technologique des équipements dans les pays du Sud. Application au secteur agricole et agroalimentaire. Génie Industriel. Paris, France., Ecole Nationale Supérieure des Arts et Métiers.

Marouzé, C. & F. Giroux (2004). Design method in the context of developing countries: Application to small-scale food processing units. CIRP Design Seminar 2004: Design in the Global Village. Cairo Egypt.

Marouzé C., T. P., Dramé D., Diop A. (2005). Dossier de fabrication Canal de vannage pour grains et graines : Projet Fonio CFC/ICG - (FIGG/02) ; Amélioration des Technologies Post-récolte du Fonio CIRAD-IER-IRAGIRSAT. Paris.

Mer, S. (1998). Les mondes et les outils de la conception. Pour une approche socio-technique de la conception de produit. INPG. Grenoble.

Mujumdar, A. S. (1995). Handbook of industrial drying. New York, Marcel Dekker.

Mujumdar, A. S. (2004). Guide to industrial drying : Principles, equipment and new developments. Mumbai India, Colour Publications Pvt. Ltd.

Murthy, M. V. R. (2009). "A review of new technologies, models and experimental investigations of solar driers." Renewable and Sustainable Energy Reviews 13(4): 835-844.

Nadeau, J.-P. & J. Pailhes (2006). Intégration de l'innovation et des sensations utilisateur en conception préliminaire par le biais de l'analyse fonctionnelle. Ingénierie de la conception et cycle de vie du produit. Hermès. Paris, Roucoules L., Yannou B., Benoît E.: 43-62.

Nadeau, J.-P. & J.-R. Puigali (1995). Séchage : des processus physiques aux procédés industriels.

Nguyen, M.-H. & W. E. Price (2007). "Air-drying of banana: Influence of experimental parameters, slab thickness, banana maturity and harvesting season." Journal of Food Engineering 79(1): 200-207.

Nicoleti, J. F., J. Telis-Romero & V. R. N. Telis (2001). "Air-drying of fresh and osmotically pretreated pineapple slices: Fixed air temperature versus fixed slice temperature drying kinetics." Drying Technology 19(9): 2175 - 2191.

Nout, R., J. D. H & T. V. Boekel (2003). Les Aliments : Transformation, conservation et qualité. Germany.

Pangavhane, D. R. & R. L. Sawhney (2002). "Review of research and development work on solar dryers for grape drying." Energy Conversion and Management 43(1): 45-61.

Pelegrina, A. H., M. P. Elustondo & M. J. Urbicain (1999). "Rotary semi-continuous drier for vegetables: effect of air recycling." Journal of Food Engineering 41(3-4): 215-219.

Perret, C. (2008). Le climat et les changements climatiques. Atlas de l'intégration régionale en Afrique de l'Ouest. Série environnement.

Piore, M., R. K. Lester, M. Kofman & K. M. Malek (1997). L'organisation du développement de produits. Les limites de la rationalité. L. f. d. collectif, La Découverte. Tome 2.

Pott, I., S. Neidhart, W. Mühlbauer & R. Carle (2005). "Quality improvement of non-sulphited mango slices by drying at high temperatures." Innovative Food Science & Emerging Technologies 6(4): 412-419.

Prachayawarakorn, S., P. Prachayawasin & S. Soponronnarit (2006). "Heating process of soybean using hot-air and superheated-steam fluidized-bed dryers." LWT - Food Science and Technology 39(7): 770-778.

Purohit, P., A. Kumar & T. C. Kandpal (2006). "Solar drying vs. open sun drying: A framework for financial evaluation." Solar Energy 80(12): 1568-1579.

R. C. Weast, C. Handbook of Chemistry and Physics.

Rivier, M., J.-M. MEOT, T. Ferré & M. Briard (2009). Le séchage des Mangues. Montpellier.

Roy, B. (1985). Méthodologie multicritère d'aide à la décision. Paris.

Rozis, J.-F. (1995). Sécher des produits alimentaires : Technique, procédés, équipement.

Sarsavadia, P. N. (2007). "Development of a solar-assisted dryer and evaluation of energy requirement for the drying of onion." Renewable Energy 32(15): 2529-2547.

Scaravetti, D. (2004). Formalisation préalable d'un problème de conception pour l'aide à la décision en conception préliminaire. Mécanique des métiers de l'ingénieur. Bordeaux, Université Bordeaux I.

Scaravetti, D., J-P.Nadeau, J. Pailhes & P. Sébastian (2005). "Structuring of embodiment

design problem based on the product lifecycle." Int. J. Product Development 2(47-70).

Scaravetti, D., J. Pailhes, J.-P. Nadeau & P. Sébastian (2005). Aided decision-making for an embodiment design problem. Advances in Integrated Design and Manufacturing in Mechanical Engineering. Springer. Dordrecht, Bramley A., Brissaud D., Coutellier D., McMahon C.: 159-172.

Sharma, A., C. R. Chen & N. Vu Lan (2009). "Solar-energy drying systems: A review." Renewable and Sustainable Energy Reviews 13(6-7): 1185-1210.

Sharma, R. C., C. De Leon & M. M. Payak (1993). "Diseases of maize in South and South-East Asia: problems and progress." Crop Protection 12(6): 414-422.

Sharma, V. K., A. Colangelo & G. Spagna (1995). "Experimental investigation of different solar dryers suitable for fruit and vegetable drying." Renewable Energy 6(4): 413-424.

Shiba, S. (1995). La conception à l'écoute du marché : Organiser l'écoute des clients pour en faire un avantage concurrentiel. Paris.

SIE, T. (2008). Rapport SIE Togo 2007. Lomé-Togo, Système d'Information Energétique du Togo.

Srivastava, V. K. & J. John (2002). "Deep bed grain drying modeling." Energy Conversion and Management 43(13): 1689-1708.

Talla, A., Y. Jannot, C. Kapseu & J. Nganhou (2001). "Étude expérimentale et modélisation de la cinétique de séchage de fruits tropicaux : Application à la banane et à la mangue " Sciences des aliments 21 (5): 499-518.

Talla, A., J.-R. Puiggali, W. Jomaa & Y. Jannot (2004). "Shrinkage and density evolution during drying of tropical fruits: application to banana." Journal of Food Engineering 64(1): 103-109.

Thanvi, K. P. & P. C. Pande (1987). "Development of a low-cost solar agricultural dryer for arid regions of India." Energy in Agriculture 6(1): 35-40.

Tiguert, A. (1983). Etude d'un séchoir solaire fonctionnant en convection naturelle. Génie mécanique. Bordeaux, Université de Bordeaux 1. Thèse de doctorat.

Togrul, I. T. & D. Pehlivan (2004). "Modelling of thin layer drying kinetics of some fruits under open-air sun drying process." Journal of Food Engineering 65(3): 413-425.

Yacoub, I., O. Garro, H. Desmorieux & G. Menguy (2006). "Transfert de technologie, un problème d'innovation. Quelle méthodologie pour les transferts de technologie?" International Journal of Design and Innovation Research 3(1).

Zablit, P. & L. Zimmer (2001). Global aircraft predesign based on constraint propagation and interval analysis. CEAS Conference on Multidisciplinary Aircraft Design and Optimization, Köln, Allemagne.

UNIVERSITE DE LOME

Liberté • Égalité • Fraternité
RÉPUBLIQUE FRANÇAISE

Service de Coopération et
d'Action Culturelle de
l'Ambassade de France au
Togo

LAGEP

**LABORATOIRE
D'AUTOMATIQUE ET DE
GENIE DES PROCEDES**

cirad
LA RECHERCHE AGRONOMIQUE
POUR LE DÉVELOPPEMENT

188